湖南种植结构调整暨产业扶贫实用技术丛书

常绿果树
栽培技术

主　　编：李先信
副 主 编：陈　鹏　谢深喜
编写人员：卢晓鹏　魏岳文　何可佳　周长富
　　　　　汤佳乐　李　娜　向　敏

湖南科学技术出版社

图书在版编目（CIP）数据

常绿果树栽培技术 / 李先信主编. -- 长沙 : 湖南科学技术出版社, 2020.3（2020.8重印）
（湖南种植结构调整暨产业扶贫实用技术丛书）
ISBN 978-7-5710-0427-9

Ⅰ. ①常… Ⅱ. ①李… Ⅲ. ①常绿果树－果树园艺Ⅳ. ①S66

中国版本图书馆 CIP 数据核字(2019)第 276133 号

湖南种植结构调整暨产业扶贫实用技术丛书
常绿果树栽培技术

主　　编：李先信
责任编辑：欧阳建文
出版发行：湖南科学技术出版社
社　　址：长沙市湘雅路 276 号
　　　　　http://www.hnstp.com
印　　刷：湖南省誉成广告印务有限公司
　　　　　（印装质量问题请直接与本厂联系）
厂　　址：长沙市环保中路 188 号国际企业中心
邮　　编：410116
版　　次：2020 年 3 月第 1 版
印　　次：2020 年 8 月第 2 次印刷
开　　本：710mm×1000mm　1/16
印　　张：7.5
字　　数：100 千字
书　　号：ISBN 978-7-5710-0427-9
定　　价：28.00 元
（版权所有 · 翻印必究）

《湖南种植结构调整暨产业扶贫实用技术丛书》
编写委员会

主　任：袁延文

副主任：陈冬贵　何伟文　唐道明　兰定国　刘益平　唐建初　马艳青
邹永霞　王罗方　罗振新　严德荣　袁正乔　龙志刚

委　员（按姓氏笔画排序）：

丁伟平　王　君　王元宝　左　宁　巩养仓　成智涛　任泽明
朱秀秀　向　敏　许靖波　汤绍武　刘志坚　李　东　肖小波
何德佳　宋志荣　张利武　张阳华　邱伯根　陈　岚　陈岱卉
陈海艳　陈富珍　陈新登　周志魁　单彭义　饶　嘉　钟武云
姚正昌　殷武平　唐满平　黄铁平　彭　妙　蒋勇兵　蔡小汉
谭建华　廖振坤　薛高尚　戴魁根

序言
Preface

重农固本是安民之基、治国之要。党的“十八大”以来，习近平总书记坚持把解决好“三农”问题作为全党工作的重中之重，不断推进“三农”工作理论创新、实践创新、制度创新，推动农业农村发展取得历史性成就。当前是全面建成小康社会的决胜期，是大力实施乡村振兴战略的爬坡阶段，是脱贫攻坚进入决战决胜的关键时期，如何通过推进种植结构调整和产业扶贫来实现农业更强、农村更美、农民更富，是摆在我们面前的重大课题。

湖南是农业大省，农作物常年播种面积 1.32 亿亩，水稻、油菜、柑橘、茶叶等产量位居全国前列。随着全省农业结构调整、污染耕地修复治理和产业扶贫工作的深入推进，部分耕地退出水稻生产，发展技术优、效益好、可持续的特色农业产业成为当务之急。但在实际生产中，由于部分农户对替代作物生产不甚了解，跟风种植、措施不当、效益不高等现象时有发生，有些模式难以达到预期效益，甚至出现亏损，影响了种植结构调整和产业扶贫的成效。

2014 年以来，在财政部、农业农村部等相关部委支持下，湖南省在长株潭地区实施种植结构调整试点。省委、省政府高度重视，高位部署，强力推动；地方各级政府高度负责、因地制宜、分类施策；有关专家广泛开展科学试验、分析总结、示范推广；新型农业经营主体和广大农民积极参与、密切配合、全力落实。在各级农业农村部门和新型农业经营主体的共同努力下，湖南省种植结构调整和产业扶贫工作取得了阶段性成效，集成了一批技术较为成熟、效益比较明显的产业发展模式，涌现了一批带动能力强、示范效果好的扶贫典型。

为系统总结成功模式，宣传推广典型经验，湖南省农业农村厅种植业管理处组织有关专家编撰了《湖南种植结构调整暨产业扶贫实用技术丛书》。丛书共 12 册，分别是《常绿果树栽培技术》《落叶果树栽培技术》《园林花卉栽培技术》《棉花轻简化栽培技术》《茶叶优质高效生产技术》《稻渔综合种养技术》《饲草生产与利用技术》《中药材栽培技术》《蔬菜高效生产技术》《西瓜甜瓜栽培技术》《麻类作物栽培利用新技术》《栽桑养蚕新技术》，每册配有关键技术挂图。丛书凝练了我省种植结构调整和产业扶贫的最新成果，具有较强的针对性、指导性和可操作性，希望全省农业农村系统干部、新型农业经营主体和广大农民朋友认真钻研、学习借鉴、从中获益，在优化种植结构调整、保障农产品质量安全，推进产业扶贫、实现乡村振兴中做出更大贡献。

从书编委会

2020 年 1 月

目 录
Contents

第一章
柑橘栽培管理技术

2

第二章 杨梅栽培管理实用技术

3

第三章
枇杷栽培管理实用技术

第一章 柑橘栽培管理技术

/李先信　陈　鹏　谢深喜　何可佳　李　娜

柑橘属芸香科植物，种类繁多，目前生产上应用的主要涉及3个属，即柑橘属、金柑属和枳属。大部分柑橘栽培种类和品种都属于柑橘属；金柑属的果实最小，果皮光滑透亮，成熟后呈金黄或橙红色；枳属主要用作砧木，其果小，味酸苦，不堪食用，干制后可供药用。

柑橘果实不仅外观色泽鲜艳，形状美观，而且营养十分丰富，酸甜适口，水分多，是人们喜爱的果品之一。柑橘果实中的类胡萝卜素和维生素C是有效的抗氧化剂，可以延缓人体衰老，增强人体免疫功能，促进健康。经测定，每100毫升柑橘果汁中约含维生素C 40毫克，柚中可以达到70毫克，高出苹果、梨5～8倍。柑橘果实全身是宝，除了作为鲜果食用以外，还可以从果皮中提取精油、果胶、黄酮等，也可以将果皮加工成饲料；果肉则可用于榨汁，或加工成罐头和汁囊。柑橘中有些品种如金柑、金豆、佛手等是很好的观赏植物，可用于庭院和盆栽。

柑橘是世界第一大果树，根据FAO统计，世界柑橘种植面积达1300万公顷，年产量已达到1.3亿吨，位居所有水果之首。柑橘是我国南方最重要的果树，2015年我国柑橘种植面积达256万公顷，位居全球第一，产量达到3679万吨，仅次于苹果，位居第二。湖南省柑橘栽培历史悠久、产量和规模较大，在我国柑橘产业中占有重要的位置。2017年我省柑橘种植面积

570 万亩，占全省水果种植面积的 70.3%，产量 517 万吨，占全省水果产量的 86.2%，均居全国第二位，相比去年面积约增加 2 万亩、产量增加 13 万吨。其中以温州蜜柑、脐橙、椪柑、冰糖橙四大种类品种为主。湖南省共有 38 个省级柑橘生产重点县，柑橘生产形成了湘西南（怀化、永州、邵阳、郴州）、雪峰山脉、武陵山脉三大优势区域，即湘西南重点发展鲜食脐橙与加工甜橙，以及特色冰糖橙，雪峰山脉重点发展鲜食与加工温州蜜柑，武陵山脉重点发展椪柑。

按照目前的市场价格，我国柑橘产业园价值（果园市价）约为 500 亿元，可带动 4 ~ 5 倍经济规模的产业链。如今，柑橘已成为我国南方丘陵山地、库区和老区农民精准脱贫的产业支柱和发家致富的产业依靠。

第一节 品种特性及对环境条件的要求

一、温州蜜柑

（一）品种特性

温州蜜柑属宽皮柑橘类的一个品种类群。原产于浙江黄岩，500 多年前日本人从浙江黄岩引入宽皮柑橘后从实生变异中选出，日本人以该种原产于温州，取名温州蜜柑。此后，又通过芽变选出了很多成熟期各异的新品系。我国浙江、台湾、湖南等省最早引进，目前主产地有湖南、湖北、江西、浙江、四川、福建、重庆、广西、云南等。

温州蜜柑特早熟、早熟品系树势较弱，树体较小；中熟品系树体中等大小；晚熟品系树势较强壮，树体较大。树冠呈不整齐圆头形或半圆头形，树姿较开张，枝条披垂，无刺。树势强的品种常有徒长枝。叶片较大，长椭圆形，但各品系间大小不一。花大，单生或丛生，花粉不育，果实扁圆形至阔倒卵状扁圆或高扁圆形，果皮橙黄色或深橙色，果顶微凹，果基平或圆，果皮容易剥离。单果重 120 ~ 170 克，可溶性固形物 9.0% ~ 13.0%，酸含量

0.4% ~ 1.0%，无核，肉质柔嫩，品质佳。成熟期依地区和品种而异，在湖南一般 9 月上旬至 12 月中旬成熟。该品种早结丰产性好，适应性广，抗寒性强，高产稳产，品质好，易栽培。特早熟品系 9 月上中旬成熟，早熟品系 10 月中下旬成熟，皆为鲜食良种。中迟熟品系 11 月中下旬至 12 月上中旬成熟，较耐贮藏，适于鲜食和加工。

（二）对环境条件的要求

1. 气候

温州蜜柑在宽皮柑橘中属较耐低温的一类，适宜在年均气温 15℃以上的地区生长，有效年积温（≥ 10℃）5000℃以上。其抗寒性强，能忍耐的极端最低温为 −9℃(短暂)。对水分和光照的要求与其他柑橘类似。

2. 地形及地势

温州蜜柑对地势要求不严。平原、沙滩、丘陵、低山、海拔 500 米以下坡度不超过 25 度的山地均可栽植。山地种植，要利用冬季辐射散热出现的“逆温层”现象，避免在冷空气容易积滞的盆底低谷栽种，以防冻害。靠近大水体的地区常形成有利于温州蜜柑生长发育的小气候，尤适于发展。

3. 土壤

温州蜜柑对土壤的适应性强，在山地、平地和滩圩地均可栽培。对土壤酸碱度的适应范围较广，pH 值 5.5 ~ 7.0 都能适应，但以 pH 值 6 ~ 6.5 为最适。砧木不同对土壤的适应性有较大差异，枳壳砧木适应性最广。肥水充足，生长结果良好。平地宜选择土层深厚、排水良好而有机质丰富肥沃的土壤栽培。山地丘陵要选择土层深厚、保水保肥能力强且富含有机质的土壤栽培。在长株潭水田种植要注意开沟排水。

（三）主要品系

1. 大分 4 号（特早熟品系）

树势中庸，树姿开张，分枝性强，枝条较密。果实扁圆形，果形指数 0.6，平均单果重 110 克左右，无核。果皮薄，厚度 0.2 厘米，果面光滑，果皮油胞较细，中心柱较小，汁多化渣，酸甜可口。可溶性固形物 11%，总酸含量 0.75%，维生素 C 含量 239 毫克 / 千克。8 月下旬果实开始退绿，9 月上旬开始着色。成熟期比日南 1 号提早 7 天左右，比大浦 5 号提早 10 天以上。完熟后果皮橙红色，可溶性固形物可达 13.6%，酸含量 0.6% 左右。

图 1-1 大分 4 号

大分 4 号具有果形美观、转色早、减酸早、糖度高、化渣性好、丰产稳产、抗逆性强等优点，是目前特早熟温州蜜柑中成熟最早、品质最优的品种之一，适合全省种植。

2. 大浦 5 号（特早熟品系）

树势强健，树姿开张，自然圆头形。果形正扁圆形，纵径 5.0 厘米，横径 7.1 厘米，果形指数 0.7，平均单果重 132.8 克。果皮橙黄色、光滑，厚度 0.28 厘米。肉质柔软，较化渣，风味较浓，可溶性固形物含量 10.4%。无核，综合品质优良。春梢、夏梢、秋梢均可成为结果母枝，但以春梢、秋梢为主。结果早，坐果率 3.6%，丰产稳产。定值第三年投产，第五年平均株产量 28 千克左右。成熟期 9 月中旬。其抗旱性、抗寒性及抗病虫性与其他特早熟温州蜜柑类似。该品种在特早熟温州蜜柑中具有品质优良、丰产、稳产、可采期长、不浮皮等突出优点，发展前景良好，温州蜜柑产区均能栽培。

图 1-2 大浦 5 号

3. 日南 1 号（特早熟品系）

从兴津早熟温州蜜柑变异中选出。树势较强，枝梢不太密生，枝梢长而略粗，分枝角度较小且直立。叶片较长，略呈狭长状。果实中等大，扁圆形，果实纵径 4.5 ~ 5.3 厘米，横径 6.3 ~ 6.8 厘米，单果重 106.8 ~ 129.0 克，平均重 120 克。果皮薄，果面油胞小而密，光滑美观，易剥离。果顶平，果蒂部微凹。9 月中旬果实开始着色，10 月上旬完全着色，果面深橙黄色，成熟期比兴津早 20 天，比宫本早 7 天。可溶性固形物 11%，酸含量 1.0% 左右。果肉色深，减酸较早，10 月以后减酸缓慢，风味保持不变，可以延长供应期。成熟后糖高酸低，风味较浓。9 月中旬可采收上市。

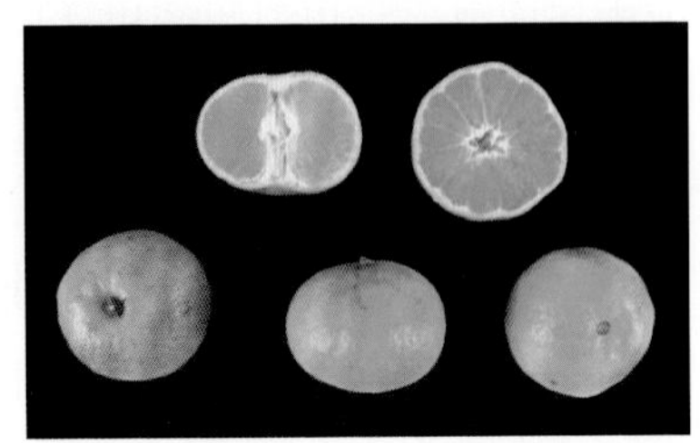
图 1-3 日南 1 号

4. 由良蜜橘（特早熟品系）

由良蜜橘是宫川早生温州蜜柑的芽变品种，树势中强、树姿开张，枝叶粗细中等。果扁圆形，果皮较紧，橙黄色，果皮光滑，光泽靓丽，果肉橙红色，化渣性极好，果肉脆嫩，果瓣囊衣脆，减酸早、味浓甜。在 9 月下旬至 11 月上旬，可溶性固形物含量为 15.0% ~ 19.1%，单果重 52.3 ~ 122.7 克，大果可达 176 克。9 月初开始上色，9 月中旬可采摘上市，9 月下旬就能达到高糖度标准。是特早熟高糖品种，品种优良，结果性好、丰产，耐寒性强，适应性广。

图 1-4 由良蜜橘（徐建国提供）

5. 宫川（早熟品系）

树势中等或偏弱，树冠矮小紧凑，枝条短密，呈丛状；果实扁圆形或圆锥状扁圆形，顶部宽广，蒂部略凸，有 4 ~ 5 条放射沟，果面光滑，橙黄至橙色，皮较薄。果实纵径为 5.1 厘米，横径 6.7 厘米，单果重 125 ~ 140 克。可溶性固形物 10% ~ 12%，每 100 毫升的糖含量为 9.5 ~ 10 克，酸含量 0.6% ~ 0.7%。

该品种早结丰产，果形整齐美观，囊壁薄，细嫩化渣，无核，品质优良。10 月

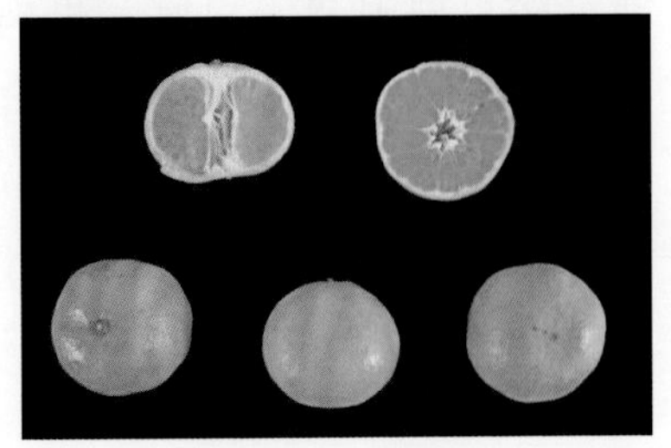
图 1-5 宫川

上中旬成熟。宫川温州蜜柑适应性广，丰产、优质，是我国主栽和大力发展的早熟温州蜜柑之一。

6. 兴津（早熟品系）

属早熟品系。树势中等或稍强，在早熟温州蜜柑中最旺，树开张，发枝率强，枝梢分布均匀，幼树枝梢长有小刺，随着树龄增加而逐步消失。果较大，果实高扁圆形，单果重 138.2 ~ 173.3 克，平均 153.8 克，果实纵径 5.3 ~ 6.2 厘米，横径 6.2 ~ 7.3 厘米，果形指数 0.74 ~ 0.87。果顶圆，果皮橙色或橙红色，较平滑，油胞大而稀，凸出；囊壁薄而化渣；果肉橙黄色，肉质细嫩化渣，味酸甜，风味浓，可食率 75% ~ 80%，可溶性固形物 11% ~ 13.3%。丰产稳产，果实 10 月上中旬成熟。兴津温州蜜柑的品质和丰产性优于宫川，但结果较宫川稍迟。抗旱性、抗寒性较强。

图 1-6 兴津

兴津温州蜜柑适宜完熟栽培，果实可延迟至 12 月上旬采收，不易浮皮，完熟时果皮橙红色，果肉消融化渣，可溶性固形物可达 15% 以上。

7. 南柑 20 号（中熟品系）

尾张温州蜜柑芽变。树势中等偏强，开张，枝较细短；果实扁圆形，果形指数 0.66，单果重 95 ~ 136 克，大小较整齐。果面光滑，果色橙黄；囊壁较尾张薄，较早熟温州蜜柑厚，果肉细嫩，较化渣，无核多汁，味浓，可溶性固形物 11% ~ 13%，糖含量 8.5 ~ 10.1 克（100 毫升），酸含量 0.6 克（100 毫升），品质优；果实 11 月上旬成熟。南柑 20 号温州蜜柑可推广发展。

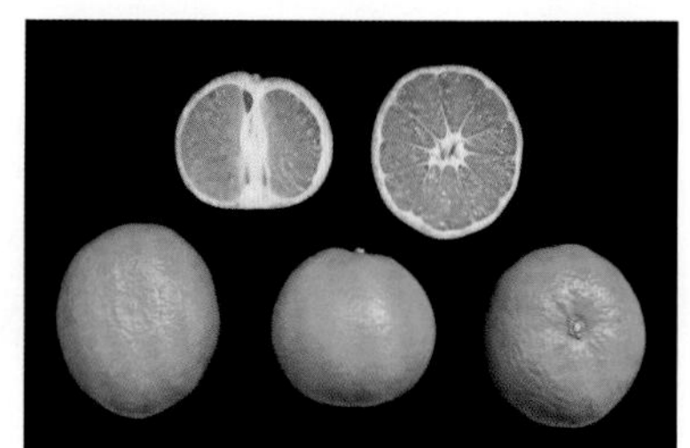

图 1-7 南柑 20 号

8. 涟红（中熟品系）

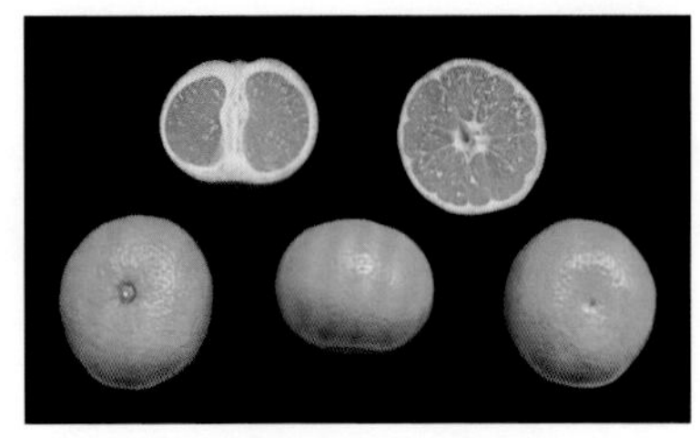
图 1-8　涟红

树势强健，树姿开张，树冠扁圆形。果实扁圆形，皮薄光亮，皮色深橙黄近橙红，果肉深橙红，组织紧密，肉质脆嫩，味浓，可溶性固形物 10.5% ~ 12.4%，维生素 C 含量 305 ~ 345.5 毫克 / 千克果汁。涟红适应性广，抗逆性强，高产稳产，成熟期比尾张早 7 ~ 10 天。该品系既适合鲜食，鲜销商品性状良好，又具有优良的加工制罐特性，是加工鲜食兼具的优良品种。

二、椪柑

（一）品种特性

椪柑又名芦柑、有柑、潮州蜜橘、梅柑等，主产于福建、广东、湖南、广西、浙江、江西、四川、云南等省区，是我国分布最广、适应性最强的宽皮柑橘类型。

椪柑树势强，树冠圆柱形或圆锥形，幼树枝条直立，成年期后稍开张，枝条细而密集。春梢叶片大小 4.5 ~ 5.5 厘米 ×2.0 ~ 2.5 厘米，叶片卵圆形，叶缘呈波浪状，翼叶线状。花较小，完全花，多为单花。果形扁圆形或高扁圆形，果面橙黄色或橙红色，有光泽，果皮中等厚，有松紧两种类型，果皮易剥离。果实纵径为 6.0 ~ 7.5 厘米，横径 7.0 ~ 8.5 厘米，单果重 120 ~ 160 克。囊瓣肥大，肾形，9 ~ 12 瓣。可溶性固形物 11.0% ~ 14%, 酸含量 0.5% ~ 0.9%，种子 5 ~ 10 粒 / 果，果肉质地脆嫩，汁多化渣，有香气，品质上乘。成熟期 11 月上旬 ~ 翌年 1 月中旬。椪柑具有较广泛的适应性，丰产性好，是我国宽皮柑橘主栽品种之一。主要砧木为枳、酸橘。

（二）对环境条件的要求

椪柑是热带、亚热带果树，种植受气温，特别是冬季低温的限制，因此，温度是环境条件中最主要的限制因素。温度不仅对树体生长有影响，对品质的影响也很大。

椪柑对温度比对光照敏感。最适宜的生长温度为 26℃左右，在 23℃～34℃范围内均适宜生长。椪柑停止生长的温度为 12.8℃，最高温度在 38℃左右，能忍耐极端低温 -9℃～-8℃。年均温 15℃～22℃、≥ 10℃的年活动积温在 5000℃～8000℃范围均可种植。温度过低会使椪柑停止生长、发育，器官受冻；反之，温度过高，也影响椪柑的生长、发育。温度对枝梢、根系、花芽分化、着果、果实膨大、成熟和果实品质都有影响。

椪柑是短日照果树，喜漫射光，较耐阴。光照过强或过弱均不利于生长结果。通常认为年日照 1200～1500 小时最适宜。

椪柑不但要求丰富的热量，而且要求湿润的环境。适宜的降水量和湿度有利于椪柑的生长、发育和优质、丰产。通常椪柑树的正常生长以年降水量 1000～1500 毫米，空气相对湿度 75%～80%，土壤相对含水量 60%～80% 为宜。

椪柑适栽的土壤要求土层深厚、富含有机质，土质从砂壤到黏壤均可，土体疏松，无障碍层，排水良好，地下水位在 1 米以下，保肥、保水。我国椪柑园多处丘陵山区，特别是红黄壤地区的椪柑园，土壤有机质含量低，氮、磷、钾缺乏，在建园和管理过程中应加强土壤改良培肥。丘陵、山地种椪柑的坡度不超过 20° 为宜，以利保持水土。坡向以南坡、东南坡、西南坡为适，其次是东坡和西坡。

（三）主要优良品系

1. 早蜜椪柑

早蜜椪柑是湘西州柑橘科学研究所从辛女椪柑（8306）通过芽变选育而来，该品种长势较强健，树姿较直立，分枝性强，枝条密，树冠呈自然开心形。叶片为单身复叶，长卵圆形，花为单花无花序，花白色。春梢 3 月中下旬萌芽，4 月上旬现蕾，4 月下旬到 5 月上旬开花，花量中等，坐果能力较强。成年结果树以

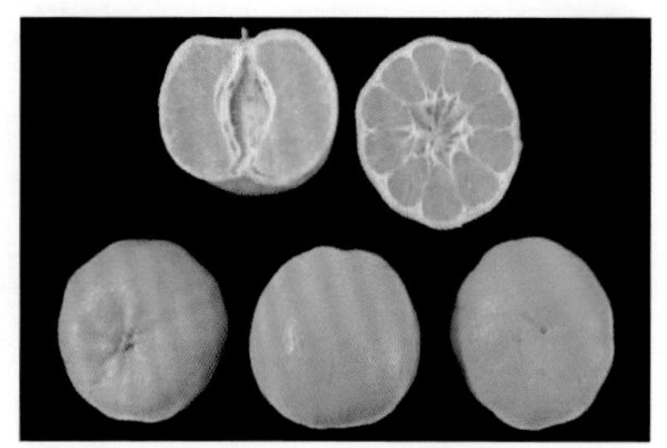

图 1–9　早蜜椪柑

春梢和早秋梢结果为主，一般1年生春梢母枝占结果母枝总数的77%左右。果实扁圆美观，果色橙红，果基放射沟明显，果顶部分有脐，果皮薄，厚度1.6～2.4毫米，平均单果重124克，果形指数0.76，可食率76.12%，单果种子数3粒左右，还原糖5.28%，总糖12.62%，可滴定酸0.73%，可溶性固形物13.20%～14.6%，维生素C 47.05毫克（100毫升），糖酸比17.47，出汁率38.46%。成熟期为11月上旬，抗旱性、耐寒性较强。适合全省种植。

2. 黔阳无核椪柑

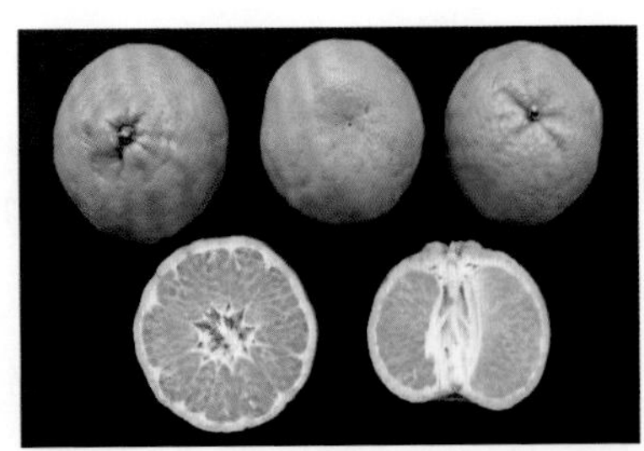

图1-10　黔阳无核椪柑

黔阳无核椪柑是原黔阳县科技局与湖南省园艺研究所从普通椪柑中通过芽变选育出的优良新品系。1998年通过湖南省农作物品种审定委员会审定，是目前全国唯一一个完全无核的椪柑品种。该品种树势强健，树姿较直立，分支较多，树冠近圆形。叶片长椭圆形，叶尖渐尖，叶边缘波浪状。叶色浓绿，春梢叶片大小6.0厘米 ×2.5厘米。花有露柱花和正常花两种。果实扁圆形，单果重115.3～126.2克，果实纵径4.6厘米，横径5.5厘米，果形指数0.84。果面橙黄色至橙红色，较光滑，油胞较密，果皮有光泽，鲜艳美观，易剥皮。果肉橙色，可食率76%，可溶性固形物12.2%～14.1%，总糖11.35%～11.41%，可滴定酸0.75%～0.81%，维生素C含量215毫克/千克果汁。果肉脆嫩、汁多、味甜、化渣爽口、香气浓郁，品质佳。11月下旬至12月上旬成熟，耐贮藏。鲜食和加工均可。

3. 辛女椪柑

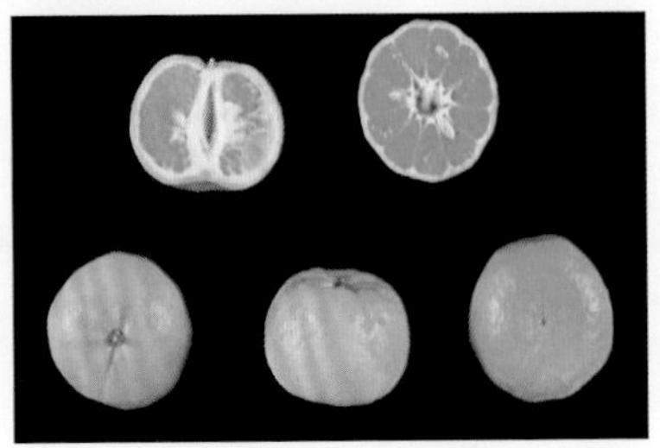

图1-11　辛女椪柑

辛女椪柑(原名8306)，是泸溪县从普通椪柑混合群体中选育出的优良株系。该品种树冠高大，树势强健，幼树枝条较直立，大树稍开张，叶片小，长椭圆形，叶脉不明显，翼叶小，线状；花白色，五瓣，雌雄蕊正常；果实扁圆或高扁圆形，平均单果重 132 ~ 137 克，果皮橙黄色，有光泽，果顶微凹，柱痕点大，有时为小脐，油胞突起，细密，果面粗糙，易剥皮，果蒂平，少数稍隆起，有八条放射状沟纹；囊瓣肥大，长肾状，10 ~ 12 瓣，中心柱较大；果肉橙黄色，肉质脆嫩，果汁多，化渣爽口，风味浓郁，有香味，可溶性固形物 13% ~ 15%，总糖 11.06% ~ 11.72%，全酸含量 0.52% ~ 0.77%，每 100 毫升果汁含维生素 C 23 ~ 29.87 毫克，固酸比 16.18 ~ 25.03，品质极佳；11 月下旬成熟。果实耐贮性好，在常温条件下，可放至翌年 4 月中旬。

该品种结果早，丰产稳产。抗逆性强，抗溃疡病，耐寒性优于橙、柚，可耐 −8℃的短期低温。适合全省各地栽培。

4. 吉品椪柑

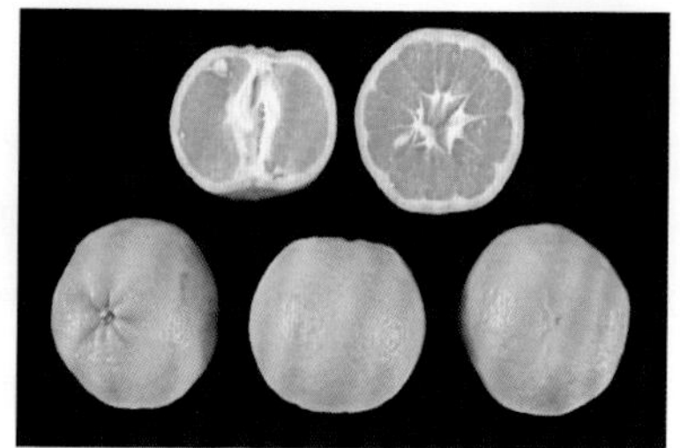

图 1−12　吉品椪柑

树势强健，树姿略开张，较直立，产量高且稳定。单果重 138 ~ 153.5 克，果形指数 0.80，果形端正整齐，扁圆形，果皮橙红色，较光滑，鲜艳美观，耐贮藏，皮较薄，肉脆嫩、味浓甜，汁多，风味浓郁，化渣爽口，种子较少。平均 5.9 ~ 9.0 粒。品质极佳，可食率 70.5%，含可溶性固形物 12.2% ~ 12.8%，总糖 11.2% ~ 11.3%，酸含量 0.7% ~ 0.8%。成熟期 11 月中下旬。适应性、抗逆性较强，综合性状优良。适合湖南及长江中下游以南地区大面积推广栽培。

三、脐橙

（一）品种特性

脐橙，是甜橙中的一个特别类群，果实内靠果顶有一次生小果，形似肚脐而得名，又名抱子橘、无核橙。由于脐橙无核、味甜、肉脆化渣、清香，经济价值高，深受消费者喜爱，已成为我国重点发展的主栽柑橘良种之一。

脐橙源于甜橙的芽变，其生物学特性与甜橙有相似之处，也有不同之处。一般具有如下特征：常绿小乔木，树冠半圆头形或扁圆形，树姿开张，枝条具披垂性，刺少或无。叶互生，革质，椭圆形，长 4 ~ 8 厘米，宽 2 ~ 4 厘米，顶端短尖，基部宽楔形，全缘，有透明的油点；叶柄短，有狭翅，顶端有关节。花 1 朵至数朵簇生于叶腋，萼片 5；花瓣 5，白色；雄蕊 20 或更多，雄蕊退化，花粉败育，花丝连合成数组，着生于花盘上；子房近球形。果实近球形或椭圆形，果皮橙黄色至橙红色，粗而不易剥落。果顶有脐，整个脐包藏在果皮内部，只在顶端留 1 个花柱脱落后露出脐腔的为闭脐，有部分突出果皮的称开脐或露脐。脐橙果内除大囊瓣外，还有次生心皮发育而成的小囊瓣，无核。脐橙果肉橙色，脆嫩多汁、化渣、芳香味浓，品质上乘，成熟期 11 月上旬至翌年 3 月中下旬，因品种和地区而异。

（二）对环境条件的要求

1. 气候条件

脐橙适应性较强，影响脐橙生长结果的气候因素主要是温度。一般来说，适合脐橙经济栽培的气候条件为：年平均温度 18℃ ~ 19℃，≥ 10℃年有效积温 5600℃ ~ 6500℃，1 月份均温 7℃左右，极端最低温 –3℃左右；年降雨量 1000 毫米左右，相对湿度 65% ~ 70%；年日照 1600 小时左右；果实成熟期的 9 ~ 11 月，昼夜温差较大；这些气象条件有利于脐橙果实品质的提高。

2. 地形条件

脐橙园应建立在海拔 400 米以下的丘陵河谷地带，坡度 25° 以下的缓坡。首选南坡、东南坡，其次是东坡和西坡，最好不用北坡。最好是选择坐北朝南，西、北、东三面环山，南面开口，冷空气难进易出的地形，避免在易产生冻害的低谷、冷湖建园。在平地和滩地建园，要求园地的地下水位在 1.5 米以下。

3. 土壤条件

要求土层深厚、质地疏松、肥沃、排水通气良好、保水保肥能力强、有机质含量丰富。以砂壤土为好；由砂岩、花岗岩、片麻岩风化形成的红、黄壤，由紫色页岩风化形成的紫色土，以及各类冲积土等多种土壤经改良后，也可种植。

（三）主要优良品种

1. 园丰脐橙

园丰脐橙是湖南省园艺研究所从华盛顿脐橙中选育的晚熟型自然芽变株系。该品种生长势强，树姿较开张，树冠扁圆形或圆头形，枝梢生长健壮，叶色深。果实近圆形，果形指数 1.03 左右，外形整齐美观，果实较大，单果重 248 ~ 284.6 克，果面较光滑，果色橙红，多为闭

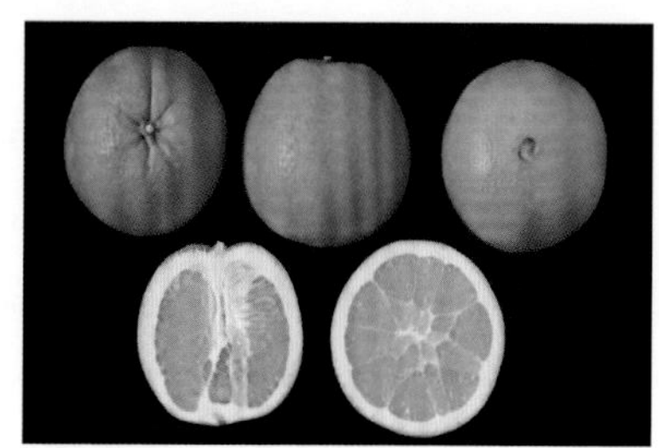

图 1-13　园丰脐橙

脐。果肉汁多，脆嫩化渣，可溶性固形物含量 11.8% ~ 13.8%，总糖含量 9.66% ~ 11.05%，可滴定酸含量 0.74% ~ 1.08%，每 100 毫升果汁维生素 C 含量 49.86 ~ 68.36 毫克，可食率 69.62% ~ 73.35%，固酸比 13.43 ~ 17.97，风味甜酸适度。园丰脐橙的抗寒性、抗旱性较强，抗病性与纽荷尔脐橙相似，对我国南方高温多湿的气候条件有很好的适应性。果实 12 月上中旬成熟，可挂树保鲜延迟采收。内堂结果性能好，正常情况下无日灼、脐黄和裂果现象。正常年份平均亩产 2000 千克以上。

2. 崀丰脐橙

崀丰脐橙，简称崀丰，是湖南农业大学园艺园林学院与湖南省新宁县农业局从华盛顿脐橙中选育出的优良芽变品种。树冠半圆形，树势开张，萌芽力强，抽梢量大；叶椭圆形，翼叶中大，叶脉明显，叶质厚；花白色，革质，一般 5 瓣，花冠比普通甜橙大；雄蕊花粉囊浅酪

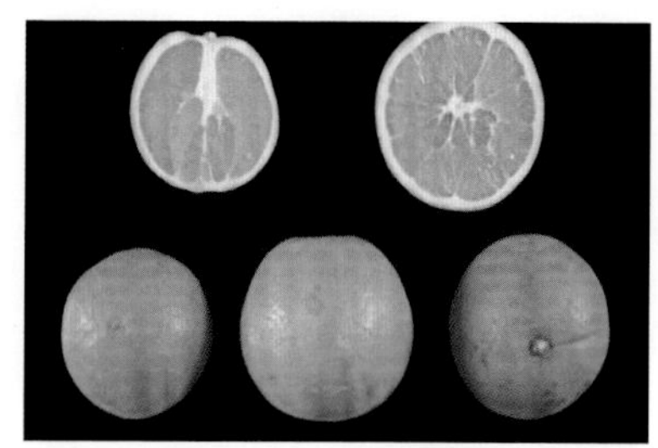

图 1-14　崀丰脐橙

黄色，为完全雄性不育，但雌蕊发育正常，如授予外来花粉，能产生少数

种子。该品种较适合在我国南方高温多湿的气候下栽培。果实圆形或椭圆形；多闭脐，色泽橙红，油胞大而稀疏；果较大，单果重 202 ~ 250 克。可食率 72.6% ~ 75.5%，可溶性固形物 11.6% ~ 13.2%；每 100 毫升果汁含总糖 10.1 ~ 11.6 克、可滴定酸 0.8 ~ 1.1 克、维生素 C 42 ~ 58 毫克；果皮厚 0.42 ~ 0.46 厘米，囊瓣肾形，10 ~ 12 瓣。果实 11 月中下旬成熟。

3. 纽荷尔脐橙

纽荷尔脐橙是华盛顿脐橙的早熟芽变品种，我国于 1980 年分别从美国和西班牙同时引进。纽荷尔脐橙是目前我国脐橙中栽培面积最大的品种，广泛分布于江西、湖南、湖北、四川、重庆、广东、广西、福建等省份，其他柑橘产区也有少量栽培。

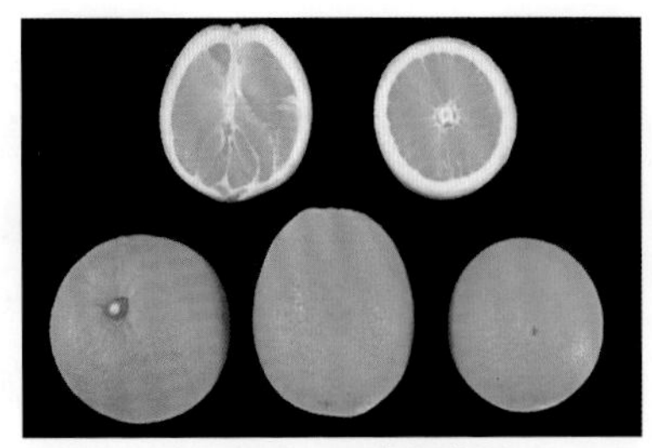

图 1-15　纽荷尔脐橙

纽荷尔脐橙树势较强，树姿开张，树冠扁圆形或圆头形，枝条粗长，披垂，有短刺。春梢叶片椭圆形，大小为 9.4 ~ 9.8 厘米 ×5.5 ~ 5.9 厘米，叶色深绿色，叶缘为全缘，翼叶小。花稍大，花粉败育。果实椭圆形，顶部稍凸起，脐多为闭脐，蒂部有 5 ~ 6 条放射状沟纹，果面橙红至深橙红色，果面光滑，果实大小为 6.5 ~ 7.4 厘米（纵径）×6.7 ~ 7.8 厘米（横径），平均单果重 300 ~ 350 克，果形指数 1.1 左右，皮厚 0.42 ~ 0.55 厘米，难剥离。囊瓣 9 ~ 13 瓣，肾状，不甚整齐。果肉橙黄色，可溶性固形物含量 12.0% ~ 13.5%，酸含量 0.9% ~ 1.1%，每 100 毫升果汁含维生素 C 46.55 ~ 64.0 毫克，可食率 73% ~ 75%，无核，果肉细嫩而脆，汁多化渣有香味，品质上等。成熟期 11 月中下旬。该品种丰产性好，对硼比较敏感，容易出现缺硼症状。

4. 红肉脐橙

红肉脐橙又名卡拉卡拉脐橙，是从华盛顿脐橙中选育出的红肉芽变，我国于 1990 年从美国引进，目前，在湖南、湖北、四川、重庆、广东等地均有栽培。该品种树冠圆头形，树势中等，树冠紧凑，多数性状与华盛顿脐橙相似。叶片偶有细微斑点现象，小枝梢的形成层常显淡红色。果实圆球形，橙黄色，大小为 6.3 ~ 6.8 厘米 ×6.2 ~ 6.7 厘米，平均单果重 190 克左右，果面光滑，果皮薄，难剥离，果顶多为闭脐。囊瓣 11 ~ 12 瓣；可食率 73.4%，果汁率 44.8%，可溶性固形物 11.0% ~ 12.0%，酸含量 0.5% ~ 0.8%，固酸比 13.8 ~ 24，每 100 毫升含维生素 C 45.84 毫克。最突出的特征是果肉含番茄红素较多，果实成熟后果皮深橙色，果肉呈均匀的红色。红肉脐橙肉质致密脆嫩，多汁，风味甜酸爽口，无核，可作为鲜食脐橙的花色品种。枝条木质部有正常和红色两种类型，红色木质部的类型果形偏小。红肉脐橙丰产性较好，着果多，高换 3 年后株产 17.9 千克。该品种适宜种植于年平均气温 17.5℃以上、年活动积温 5500℃ ~ 6500℃、年降雨量 1000 毫米以上、年日照时数 1200 ~ 2200 小时、果实成熟期昼夜温差大的脐橙地区。

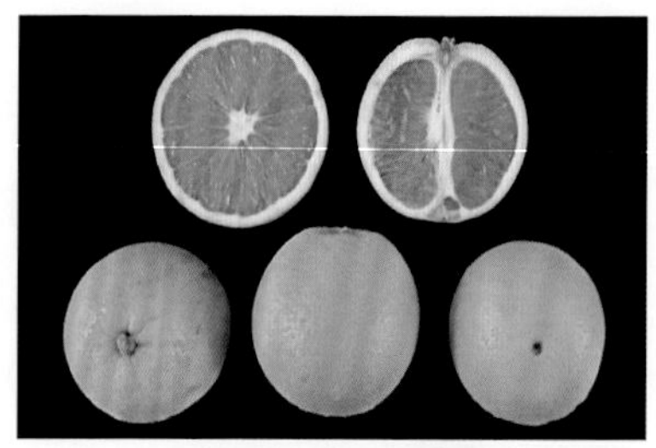

图 1-16　红肉脐橙

红肉脐橙与其他脐橙相比，其产量、果实外观与内在品质、适应性及抗性相当，但它是世界上唯一的果皮与果肉均为红色（果肉由番茄红素着色）的脐橙品种，果实成熟期为 12 月底，稍迟于我国主栽品种（11 ~ 12 月中旬成熟），果实较耐贮，在冬季无霜的地区可挂树贮藏至翌年 3 月，风味更佳。

5. 福本脐橙

福本脐橙是从日本引入的早熟脐橙品种，以果面浓红，色泽艳丽，品质优良著称。其树势中等，树性较开张，树冠中等大，圆头形；枝条较粗壮稀疏，叶片长椭圆形，大而肥厚。果实呈短椭圆形或球形，平均单果重 200 ~ 250 克，果梗部周围有明显的短放射状沟纹，多闭脐，皮光滑，油胞比华盛顿脐橙细，成熟时果皮颜色似纽荷尔的深橙红色，富光泽，皮中等厚，较易剥离；肉质脆嫩多汁，风味酸甜适口，富香气，无核。当年 11 月下旬可溶性固形物达 11.8%、酸 0.95%，12 月上旬酸降到 0.8% 左右，由于高糖低酸，减酸早，是一个肉先熟皮后熟的品种，品质极优良，果实最适宜采收上市时间为 11 月上中旬。该品种产量中等，成熟早，果面光滑，色深而艳丽，是当今极具发展潜力且可替代纽荷尔的脐橙新品种。福本脐橙要求土层深厚、肥沃，土壤 pH 值 5.5 ~ 7.0。

图 1–17　福本脐橙

四、冰糖橙

冰糖橙又名冰糖柑，原产于湖南黔阳县（今洪江市），系当地普通甜橙的变异，湖南栽培较多，四川、重庆、贵州、云南、两广有少量栽培。其树势健壮，树姿开张，枝梢较粗壮。叶片呈椭圆形，较宽大；果实近圆形，橙红色，果皮光滑；单果重 150 ~ 170 克，可溶性固形物 14.5%，每 100 毫升含糖 12 克，每 100 毫升含酸 0.6 克，味浓甜带清香，少核，3 ~ 4 粒。11 月上中旬成熟，果实较耐贮藏。冰糖橙品质好，味浓甜，也较耐寒，是湖南省最具特色的橙类优良品种。

1. 锦红冰糖橙

锦红冰糖橙是从普通冰糖橙中选育的红皮型优良品种，其树势较强，树冠较开张，呈自然圆头形；果实圆形或扁圆形，果形指数 0.97 左右。果较大，整齐度好，横径 6.5 ~ 7.0 厘米，单果重 150 ~ 200 克，果皮较韧，平均厚度 0.4 ~ 0.45 厘米，色泽橙红，有光泽，油胞细密，平生，果顶平，果面光滑，海绵层白色，较易剥离，囊瓣肾形，9 ~ 11 瓣，中心柱小。果肉脆嫩化渣，风味浓甜，可食率 72% ~ 75%，还原糖含量 7.0% ~ 7.4%，可滴定酸含量 0.55%，可溶性固形物含量 14% ~ 16%。果实 11 月中下旬成熟期。锦红冰糖橙不仅保持了普通冰糖橙品质优良的特性，克服了果实偏小且大小不匀等缺点，而且丰产稳产性，耐贮藏性和适应性均有较大提高，大小年现

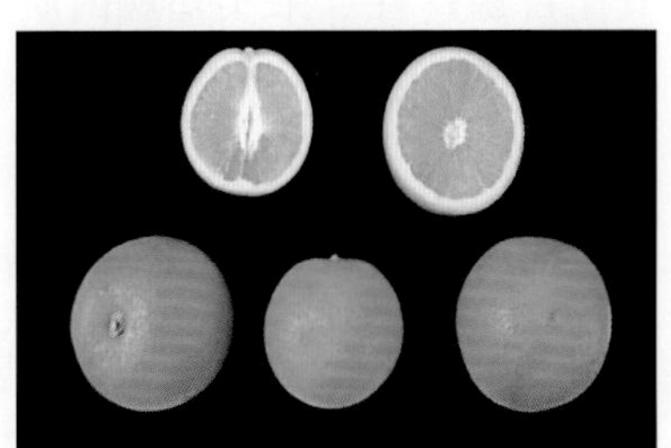
图 1–18　锦红冰糖橙

象不明显。果实可贮藏至翌年 4 月品质无较大变化。

2. 锦玉冰糖橙

锦玉冰糖橙是从普通冰糖橙中选育出的大果型冰糖橙新品种，该品种树势较强，树姿开张，树冠自然圆头形。单身复叶，翼叶中等大，叶脉明显，花白色，花瓣 4 ~ 5 枚，中等大，花粉败育率高；果实圆形或扁圆形，整齐度高，果形指数 0.9 ~ 0.96。果实大，横径 6.5 ~ 7.5 厘米，单果重 160 ~ 230 克。果皮韧、较厚，平均厚度 0.4 ~ 0.5 厘米，色泽橙色或橙黄色，有光泽，油胞细密，平生，海绵层白色，萼片中等大小，整齐，果基平，果面光滑，囊瓣肾形，大小一致，中心柱小。果肉脆嫩化渣，风味浓甜，品质优良。成熟期 11 月下旬。

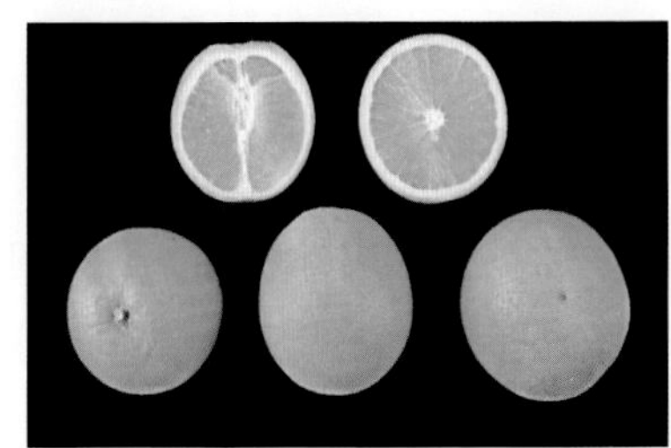
图 1-19 锦玉冰糖橙

锦玉冰糖橙的抗寒性、抗旱性、抗病虫害能力等于普通冰糖橙相似，其丰产稳产性、果实外观内质及耐贮藏性和适应性较普通冰糖橙均有较大提高。

3. 锦绣冰糖橙

锦绣冰糖橙（原名锦蜜）是从普通冰糖橙中选育出的高糖型优良品种，其树势健壮，树形开张，树冠扁圆形。果大，单果重 280 ~ 360 克，圆形略带扁圆。皮薄光滑，油胞极细，外观呈橙黄色，果肉紧实，果皮较易剥离。果实风味独特，果肉脆嫩多汁，浓甜少酸，甜而不腻，化渣，口感极佳，可溶性固形物 14% 以上，减酸早，柠檬酸在果实成熟前 1 周含量即降低至 0.4% 左右，是一个肉先熟皮后熟的品种，品质优良。成片栽培完全无核。果实 11 月中下旬成熟，无霜期长的地区可挂果至元旦后上市，不易裂

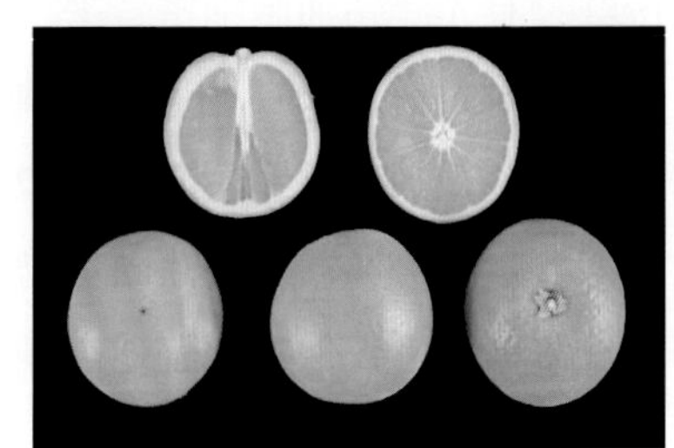
图 1-20 锦绣冰糖橙

果，且高产稳产，早果丰产性好，着果量大，一般定植树次年可试果，4年生树株产20千克左右。果实耐贮运，抗病性较强。品种综合指标都略高于常规冰糖橙及其他橙类品种，是目前和将来果树种植户追求高产、稳产、优质、经济效益好的橙类新宠，极具发展潜力，可重点发展。

五、杂柑类品种

杂柑类品种，是指人工杂交的橘柚（橘 × 柚）、橘橙（橘 × 橙）、橙柚（橙 × 柚）等品种以及这些品种与橘、橙、柚回交或复交的品种。

杂柑类品种一般树冠高大，树势较强，枝条粗壮，叶大，果大；抗性强，对疮痂病和溃疡病具抗性；单果重一般都在200克以上，品质好，含糖量高，有的品种充分成熟后固形物可达17%以上；果皮较厚，剥皮比温州蜜柑稍难。成熟期早晚相差距离较大，早的品种10月中下旬就可采收，晚的品种到翌年2～3月才可采收。杂柑结实性好，丰产；贮藏性好，不浮皮，可贮藏至翌年5～6月份上市。

1．天草

天草杂柑树势中等，树冠扩大较缓，幼树稍直立，进入结果后开张。枝梢密度中等偏密，似清见，呈丛状，比普通温州蜜柑密生。叶大小中等，比普通温州蜜柑略小。抗病性强，对溃疡病的抗性与温州蜜柑相同或稍弱。

天草杂柑单性结实强，一般无核；如与其他有核品种混栽，种子产生较多，可达10粒以上。平均单果重200克左右，大小整齐。果形扁球形，果形指数1.2左右。果皮淡橙色，果皮较薄，赤道部果皮厚0.3毫米，剥皮稍难，但比清见易剥。果面光滑，油胞大而稀。外观美丽，果皮有克里迈丁红橘的香味，也有甜橙的良好香味。果肉橙色，比温州蜜柑淡。肉质柔软多汁，囊壁薄无苦味。成熟期糖度11～12度，酸含量为1%左右，品

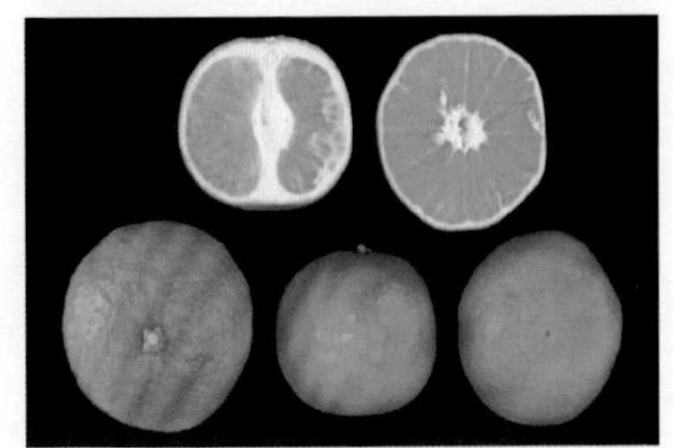
图1-21　天草

质极优。该品种是一个皮先熟肉后熟的品种，减酸速度依栽培地域而异。10月中旬开始着色，11月中旬完全着色，12月中旬果实成熟。品质好，风味佳。

2. 沃柑

沃柑是“坦普尔”橘橙与“丹西”红橘的杂交种，属于晚熟杂交柑橘品种。生长势强，树冠初期呈自然圆头形，结果后逐步开张。果实中等大小，单果重130克左右，在光热条件较好的地区，平均单果质量在180克以上。果实高扁圆形，横径6.7厘米，纵径5.7厘米，果形指数0.85。果皮较硬，包着紧，果皮厚0.36厘米，但易剥离，果皮光滑细腻，橙色或橙红色，有光泽。油胞细密，微凸或与果面平，凹点少。果顶端平，有不明显的印圈。海绵层黄白色，囊瓣9~11瓣，果肉橙红色，汁胞小而短，囊壁薄，果肉细嫩化渣，多汁味甜，有明显的香味。高糖低酸，果实风味浓郁。可溶性固形物含量13.3%，可滴定酸含量0.58%，每100毫升果汁中转化糖含量12.76克、还原糖含量6.84克、Vc含量23.69毫克，固酸比22.9，品质优。种子9~20粒，可食率74.62%。果实11月中下旬转色，1月中旬成熟，采收期为1月中旬至3上旬，丰产性强，果实耐贮性好，自然留果时间可从成熟的1~2月到7~8月。

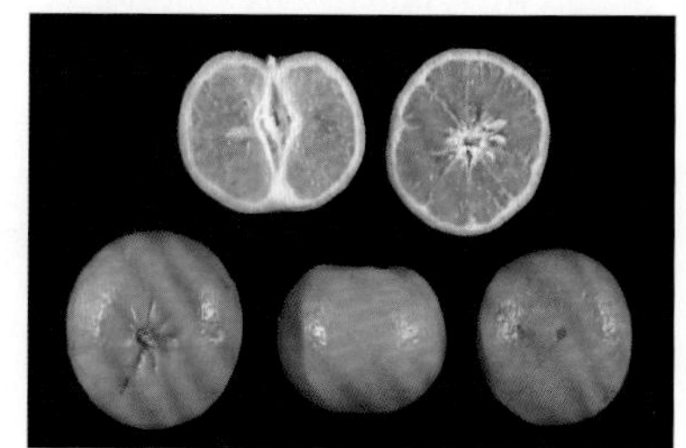

图1-22　沃柑

3. 不知火（丑橘）

不知火杂柑又名“不知火”“丑柑”“丑橘”。是由日本农水省园艺试验场于1972年以清见与中野3号椪柑杂交育成。其树势弱，幼树树姿较直立，进入结果期后开张。枝梢密生，细而短。刺随树龄的增长逐渐消失。单果重200~280克，是宽皮柑橘中的大果形。果实呈倒卵形或扁球形，果形指数1.0~2.0。果形和果实大小都不整齐，果梗部有突起短颈，似三宝柑。果皮黄橙色，10月中旬开始着色，12月上旬完全着色，果皮厚3.5~5毫米，成熟果果面粗糙，易剥皮。有椪柑香味，无浮皮。果肉橙色，肉质柔软多汁，囊壁极薄而软，味道清甜，且果肉清脆，化渣，风味极好，品质优。果汁糖度一般为13～14度，最高可达16度。成熟时酸含量为1%左右。成熟期2～3月。

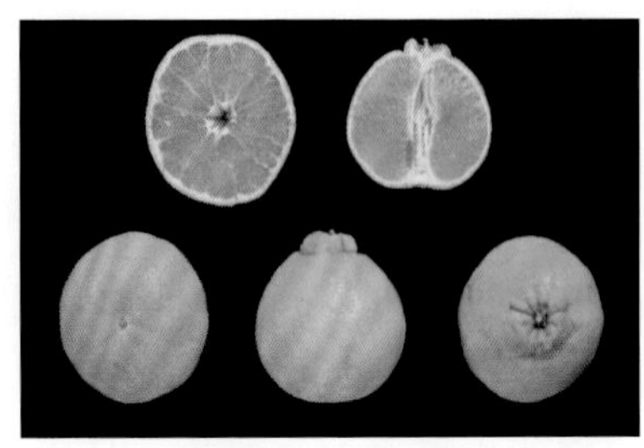
图1-23　不知火

不知火果实耐寒性较温州蜜柑弱，且果实须在树上越冬成熟，所以栽培地的年均气温必须在16.5℃以上，到采收前-3℃以下的最低气温持续时间不能太长。树体耐寒性与清见相同。对溃疡病、疮痂病的抗性与双亲一样强。

4. 红美人

又叫爱媛28号，是日本用南香与天草杂交育成的杂柑品种。其生长势中等，树冠圆头形，幼苗期及高接树初期易发生徒长枝，枝条较披垂。果实大，高扁圆形或阔卵圆形，平均单果质量230克，横径7.8厘米，纵径6.9厘米，果皮薄而光滑，果皮厚0.17厘米，油胞大，较凸，成熟后果皮色泽浓橙色，果皮包着较紧，较易剥离。果肉橙色，肉质极细嫩化渣，口感酷似果冻，汁多味甜，品质优良，可溶性固形物含量12%，转化糖含量9.33%，还原糖含量5.16%，可滴定酸含量0.93%，维生素C含量315毫克/升，可食率86.83%，出汁率56.16%。通常9月上旬果实开始着色转黄，10月中下旬成熟，设施栽培可至次年1月采收。该品种虽有早熟特性，但早采糖度偏低，风味不浓，一般在元旦后采摘风味口感才达到最佳。

图1-24　红美人（陈传武提供）

5. 春见

春见属晚熟杂柑品种。该品种树姿直立，生长势较强。果实呈高扁圆形，大小较均匀，单果重242克，纵径7.07厘米，横径7.69厘米。果皮橙黄色，果面光滑，有光泽，油胞细密，果皮厚 0.31 厘米，较易剥皮。果肉橙色，肉质脆嫩、多汁、囊壁薄、极化渣，糖度高，风味浓郁，酸甜适口，无核，可溶性固形物含量 14.5%，可食率 76.64%，每 100 毫升含维生素 C 30.5 毫克，品质优。11 中下旬完全着色，果实成熟期 12 月中旬。

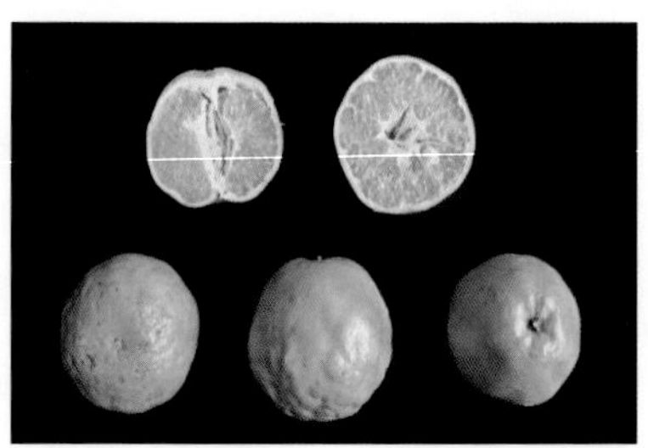
图 1-25　春见（陈传武提供）

6. 春香橘柚（黄金贡柚）

春香橘柚是日本从日向夏自然实生苗中选育出的优良单株。该品种初期树势较旺，结果后枝条逐渐开张，生长势中等。果实较大，果实近圆形，单果重 250 克左右，果形指数 0.82 ~ 0.95。果皮淡黄色，果面粗，油胞突出，有光泽，果皮略厚，果顶有圆形深凹圈印与乳头状凸起。果肉淡黄色，囊衣较硬，汁胞纺锤形，果汁多，味清甜，较化渣，种子少，可食率 74.0%，可溶性固形物 12%，糖酸比 20：1，品质优。成熟期 12 月上旬，设施完熟栽培到次年 2 月份采收，果实金黄色，可溶性固形物含量达 13.5% 以上，酸含量 0.6% 以下，口感更佳。早结性能好，丰产、稳产。

图 1-26　春香橘柚

7. 金秋砂糖橘

金秋砂糖橘是中国农科院柑橘研究所以爱媛 30 号为母本，砂糖橘为父本，杂交育成的优良品种。该品种树势强，树冠紧凑，中等大小，树型圆头形或扁圆形。果实圆形，小果，单果重 35 ~ 50 克。果面光洁、靓丽，颜色为橙红色。果皮光滑细腻，蜡质层厚而鲜亮，皮薄，较易剥皮。肉质细嫩化渣，风味纯甜，品质上乘。10 月上旬开始着色，10 月下旬至 11 月上旬成熟，可分批采收。可溶性固性物含量达 12.0% 左右，总酸含量 0.4% 左右，固酸比 25 以上。单一栽培或与无核品种混栽时表现无核；与多籽品种混栽时偶有少量种子。该品种自然着果率高，极丰产，适应性较强，在年平均温度16℃～21.5℃区域表现良好。但金秋砂糖橘果实大小不均匀，40克以上中等大小的果实剥皮较易，而小果剥皮较难，要注意疏果。

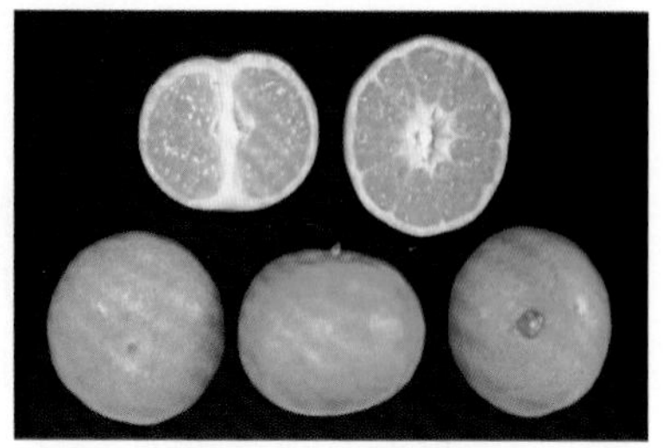

图 1-27 金秋砂糖橘

六、柚

柚是芸香科柑橘属中果实最大的种类，是长寿、高产、结果早、经济价值高的乔本果树。其树冠高大，圆头形。嫩枝、叶背、花梗、花萼及子房均被柔毛，嫩叶通常暗紫红色，嫩枝扁且有棱。叶片大，单身复叶，叶质厚，色浓绿，阔卵形或椭圆形，翼叶较大；总状花序，有时兼有腋生单花；花蕾淡紫红色。果圆球形，扁圆形，梨形或阔圆锥状，横径通常10厘米以上，成熟期9～12月。柚树适应性强，年平均气温16.6℃～21.3℃，1月平均温度5.4℃～13.2℃，≥10℃年积温5300℃～7500℃，绝对低温在-11.1℃以上的地区都有柚类分布。但以年平均气温18℃～20℃，1月平均温度7℃～9℃，≥10℃年积温6000℃～7500℃，绝对最低气温在-5℃以上的地区栽植柚树品质最好。

1．沙田柚

沙田柚，因原产广西容县沙田村而得名。乔木，树冠高大，圆头形或扁圆形，开张或半开张，长势强健旺盛。果梨形或葫芦形，横径通常10厘米以上，单果重800～2000克。果顶略平或微凹，有明显环圈及放射沟，蒂部狭窄而延长呈颈状，

图 1-28 沙田柚

果面淡黄或黄绿色，较粗糙，果皮中等厚或薄，油胞大，凸起，果心实但松软，瓢囊10～15瓣或多至19瓣，汁胞淡黄白色、细长，果肉爽脆，味浓

甜，但水分较少，种子颇多。果树成熟期 10 月下旬以后，属中熟品种。

沙田柚有软枝种和硬枝种两个品系。软枝种树形多开长，枝条较小，分枝角度较大，树冠外围的部分枝条稍稍下垂，叶片较小较薄，叶色较浓绿，富有光泽；果实较小，倒心脏形，颈短，皮较薄，外表较光滑，汁囊较柔软，脆嫩清甜，有密味。硬枝种树形半开张，枝条粗糙，向上生长；叶片较大较厚，叶色较淡；果实较大，梨形，颈高，皮较厚，外表粗糙，汁囊较硬，爽脆，味较淡，稍带有苦味。软枝种比硬枝种结果多，品质好，丰产稳产。沙田柚有自花不实倾向，故种植园中应间种酸柚，使之行异花授粉，提高结果率。

2. 红肉蜜柚

红肉蜜柚是福建果树研究所从琯溪蜜柚中选育出的果肉红色的优良变异。红肉蜜柚幼树较直立，成年树半开张，树冠半圆头形；花多为总状花序或穗状花序，花序带叶或不带叶，以无叶花序居多；果形倒卵圆形，纵径横径比为 15.5：16，单果重 1200～2350 克，平均 1680 克；皮色黄绿色；果肩圆尖，偏斜一边；果顶广平、微凹、环状圆印不够明显与完整；果面因油胞较突，手感较粗；皮薄，平均厚 0.7～0.9 厘米。囊瓣数 13～17 瓣，有裂瓣现象，裂瓣率 54%，囊皮粉红色；汁胞红色，果汁丰富，风味酸甜，可溶性固形物含量 11.55%，总糖含量 8.76%，总酸含量 0.74%，每 100 克含维生素 C 37.85 毫克，果汁率 59%，品质上等。红肉蜜柚保留了母系琯溪蜜柚的适应性广（在极端低 –5℃以上地区均可种植），投产早，丰产性能好，果形光滑美观，果大皮薄，无核，抗病虫能力强，易栽培管理等优良特性。

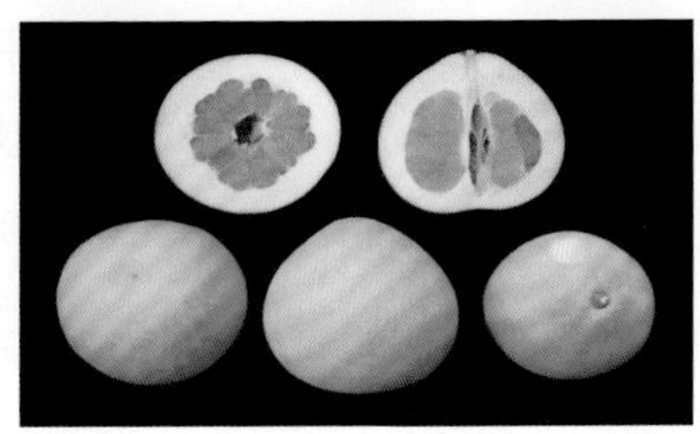

图 1–29　红肉蜜柚（陈传武提供）

3. 三红蜜柚

三红蜜柚是福建农林大学园艺学院等单位从红肉蜜柚果园中选育而成的芽变新品种，属早熟红肉柚品种。该品种树冠半圆头形。果实倒卵圆形，单果重1300～1800克，果皮淡黄色，用专用果袋套袋可显淡红色；海绵层和瓤衣淡红色，果肉为红色；果汁较丰富，酸甜适口，可溶性固形物含量9.0%～11.5%，可溶性总糖含量7.9%，酸含量0.60%～0.68%，可食率64%～71%，品质优良；自花结实率高，种子退化。早结、丰产，果实较早熟，成熟期9月底至10月上旬。

4. 安江香柚

为湖南主要地方白柚良种之一，其树势强旺，树体高大，阔圆头形，树冠半开张。果实长椭圆形或倒卵形，果面黄绿色，完熟时黄色或淡黄色，平均单果重1013～1180克，最大2700克，果形指数1.12。果顶部圆钝，中心浅凹，蒂部尖圆，中心浅凹，四周有隆起脊棱。果面较粗糙，油胞大，凸出，果皮厚2.12厘米，果心空，瓤瓣12～14瓣。果肉米黄色或黄白色，易与囊壁分离。可溶性固形物含量13.8%左右，可食率47.8%。果肉质地柔软，脆嫩化渣，汁多，味甜，富香气，品质中上。该品种结果性能好，自花结实能力强，无须配置授粉树。成熟期10月下旬至11月中下旬。抗寒性中等，耐贮性稍差。

图1-30　安江香柚

5. 金兰柚

金兰柚生长势中等，树冠圆头形，树形较矮小。果实梨形或倒卵形，纵横径13～15厘米 ×12.5～14厘米，果形指数1.06，单果重800～1000克；果顶平圆，果基短颈形，蒂部有浅放射沟纹5～7条；果皮金黄色，较光滑，油胞微凸；果皮薄，中心柱空，囊瓣13～16瓣；果肉白色，多汁；可溶性固形物11.6%，风味甜而少酸，有香气，可食率64.1%；果实成熟期11月中旬。该品种突出特点是

图1-31　金兰柚

树冠紧凑，适合密植；丰产性好；果实耐贮藏性好，采收后，用薄膜袋单果包装，可贮至次年 4 月底至 5 月中旬。

6. 贡水白柚

贡水白柚是由湖北省恩施州农业局等单位从地方柚类种质资源中选育出的地方良种柚，属酸甜型中熟柚类良种。树冠紧凑，呈自然圆头形，枝梢粗壮，节间短，有小刺；单身复叶，阔卵圆形，翼叶中小，为倒心脏形，叶片肥厚中大，叶面浓绿，富光泽；果实中大，平均单果重 1000 克以上，果实倒卵圆形，蒂部稍偏微凹，有沟纹，果面黄白色，油胞中细，有光泽；果皮中厚，海绵层白色；汁胞脆嫩多汁化渣，酸甜适度，味浓，无苦、麻等异味，少核或无核，囊瓣整齐，易脱衣，耐贮藏。可溶性固形物含量 12%，全糖含量 6.35%，酸含量 0.73%，果汁率 61%。该品种具有早果、丰产、稳产、适应性强等优良特性。果实 10 月中下旬着色，成熟期 11 月上旬。适应性好，抗旱性强。适宜在土壤 PH 值 5.5 ~ 6.5，海拔 650 米以下地域发展。

7. 马家柚

马家柚是江西省广丰县的地方优良品种。其果实高扁圆形，平均单果重 1.67 千克，成熟期在 11 月上旬。与其他柚类相比，其汁胞饱满、水分足，清甜微酸、易入口，果肉玫红，果肉细嫩，甜脆可口，营养足，清爽润喉，可溶性固形物含量 10% 左右，可滴定酸含量 0.9% 左右，出汁率高达 52.7%。马家柚低糖低酸，富含番茄红素，番茄红素占胡萝卜素总量的 85%，是柚子资源中高番茄红素含量的珍品。耐贮藏性好，普通条件下可以储藏到次年 4 月左右。

图 1-32　马家柚

第二节　建园技术

一、园地选择与规划

柑橘种类、品种繁多，各品种对温度、光照的要求不尽相同，因此建园前需慎重考虑品种的区域适宜性问题，根据当地的气候条件选择合适的品种。适宜柑橘种植的地形为坡度25°以下的缓坡地或平地，山地果园坡度不宜超过47°，且坡度25°以上的应修筑梯田。最适宜柑橘生长的土壤是pH值为5.5～7.0的壤土和砂壤土，土层深厚，活土层60厘米以上，果园地下水位1米以下，要求土壤质地疏松肥沃，有机质含量1.5%以上，同时避开污染的土地。

果园规划要最大程度地利用规划区内现有的道路、水利和水土保持等工程设施。大型果园要划分为若干个作业小区，主干道或支路贯通每个小区，小区面积通常为1～3公顷。果园内布设合理的排水、蓄水和灌溉系统，做到“涝能排、旱能灌、以蓄为主、以提为辅”。平地果园改过去的抽槽回填为起垄抬高栽培，采用壕沟改土时，宜规划为南北向壕沟；坡度较大的山地果园选择梯田“外围定植”模式，壕沟改土是在梯面上开挖，随梯面走向。

二、品种选择

品种选择主要由气候条件和市场需求来确定。就树体抗寒性来讲，金柑和宽皮柑橘类比较耐寒，甜橙和柚类次之，柠檬和杂柑类最不耐寒。砧木的选择要考虑与嫁接品种的亲和性和当地土壤、气候等生态环境。咨询正规科研单位，根据园地所在气候特点和适宜性，选择符合市场需求的优良品种，与正规单位签订购苗协议。苗木选择必须选用优质无病毒容器苗，容器苗具有露地苗不可比拟的优势，只有健康优质的容器苗才能长成茁壮丰产的大树。

三、苗木栽植

现代标准化果园通常采用“宽行窄株”的方法进行合理稀植，适度稀植虽然前期产量不高，进入盛产期较晚，但可以克服密植果园的诸多缺点，特别是有利于果园机械化操作。

表 1–1 主要柑橘品种参考种植密度

品 种	土地类型	行距（米）	株距（米）
宽皮柑橘类	坡地或梯田	4 ~ 5	3 ~ 3.5
	平地	4.5 ~ 5.5	3.5 ~ 4
甜橙类和柠檬类	坡地或梯田	4.5 ~ 5.5	3 ~ 3.5
	平地	5 ~ 6	4 ~ 5
柚类	坡地或梯田	5 ~ 6	4 ~ 5
	平地	6 ~ 7	5 ~ 6

柑橘栽植一般在春梢萌动之前或刚萌动时进行，容器苗或带土团移栽在不伤根或少伤根的情况下，春、夏、秋季都可进行。栽植前，要剔除弯根苗、杂苗、劣苗、病苗、弱苗和伤苗，裸根苗要剪除或抹除还没有老熟的嫩梢。栽植时，先在栽植点挖一栽植穴，栽植穴的深度和宽度要超过柑橘根系长度和宽度，弄碎穴周围泥土并填入部分细碎肥土，将柑橘苗放入栽植穴中扶正，根系均匀地伸向四方，避免弯根、绞结，填入干湿适度的肥沃细土填土到 1/2 ~ 2/3 时，用手抓住主干轻轻向上提动几次（容器苗不需要提苗），使根系伸展，然后踏实，再填土和踩实，直到全部填满。填土后筑树盘，灌足定根水。苗木栽植后要及时灌水，保证根部湿润。苗木成活后开始浇施稀薄液肥，最好是腐熟的稀人畜粪水肥、饼液肥，也可以浇施 0.3% ~ 1.5% 尿素、复合肥或磷酸二氢钾等化肥，每月浇施 1 ~ 3 次。3 ~ 6 月后可在根系周围挖穴埋入腐熟的厩肥、饼肥等农家肥料。

第三节　土肥水管理技术

一、土壤管理

（一）深翻改土

深翻可改善下层土壤的通透性和保水性，对改善根系生长、促进地上部的生长以及提高产量与品质都有明显的作用，深翻的同时增施有机肥，效果会更加明显。就效果来说，秋季新梢停止生长后深翻改土最佳，但考虑到我国大部分的柑橘种类都在秋、冬季成熟，秋季在果实未采收的情况下进行深翻改土会伤及根系，从而影响到果实的发育，故深翻改土一般在采果后至春季枝梢发芽前进行。幼龄果园可采用深翻扩穴和全园深翻，成年果园采用隔行或隔株深翻。无论采用哪种深翻方式，通常都要与施有机肥结合进行，以提高土壤肥力和通透性，有利于柑橘根系的生长和养分的吸收；深翻深度应略高于柑橘根系分布区，即 50 ~ 60 厘米。

（二）清耕法

即果园内除果树外不种任何作物，利用人工除草、中耕或除草剂等清除地表的杂草，保持地表的疏松和裸露状态，创造有利于果树根系生长的生态环境。清耕法一般是在秋季深耕，春季多次中耕，使土壤保持疏松通气，起到保水、保肥、保热的作用。近年来有些国家使用除草剂来除去果园的杂草以保持果园土壤表面的裸露状态，这种无覆盖、无耕作的方式称为免耕法。从某种意义上来说，免耕法所要求的管理水平更高，不能理解为不耕作、不管理。

（三）生草法

果园内除树盘外，间作禾本科、豆科等作物，或间种多年生牧草。柑橘园实行生草栽培，既可以使橘园地表受到覆盖，保持水土免遭大雨的冲刷，防止水土流失：又可以待青草枯萎后，翻压入土壤，可增加土壤中有机质的含量，改善土壤的营养状况和物理性状，促进柑橘的生长。目前最适宜柑橘果园的草种为黑麦草，适宜山地柑橘园草种有乌豇豆、印度豇豆、苜蓿等；适合海涂柑橘园的有田菁、绿豆、黄豆、苜蓿、箭舌豌豆等。

（四）覆盖法

指利用秸秆、杂草、厩肥、薄膜等材料对树冠及株行间进行覆盖的方法，现已被许多国家广泛使用。我国南方的柑橘园多处于丘陵山地，土层浅薄，保水保肥能力较差。在夏秋季节，气温高，蒸发量大，常常导致柑橘缺水，但夏秋季又恰恰是柑橘果实膨大期，对水分需求较高，若不及时进行覆盖和抗旱保墒，则会影响果实产量与品质。覆盖时间可分为全年覆盖和季节性覆盖，覆盖范围可分为全园覆盖和局部覆盖。

二、营养特性与施肥

（一）营养特性

柑橘为深根性的木本植物，结果早，开花量大，需肥量也大。据统计，每生产 1 吨柑橘果实，需氮 6 千克，磷 1.1 千克，钾 4.8 千克，钙 0.8 千克，镁 0.27 千克。氮磷钾比例为 1∶0.2∶0.8。柑橘对养分的吸收随物候期的变化而变化。新梢对营养的吸收由春季开始迅速增长，夏季达到高峰，入秋后开始下降，冬季基本停止。果实对氮钾的吸收从仲夏逐渐增加，8～9 月出现最高峰；对磷的吸收由仲夏开始增加，至夏末秋初达到最高峰，之后趋于平衡。

（二）施肥量

不同品种以及不同树龄的柑橘对养分的需求量不同，因此，要根据品种与树龄，确定合理的使用时期与施肥量。盛果期全年每亩总施肥量（有效成分）70～80 千克，其中有机肥施用量达到 40% 以上，N∶P∶K=1∶0.6∶0.8。

表 1–2 幼树每株参考施肥量

树龄（年）	纯氮（克）	纯磷（克）	纯钾（克）
1	40～60	20～30	20～30
2	60～80	30～48	30～40
3	80～100	48～60	56～70
4	100～140	60～84	70～98
5	140～200	84～120	112～160

（三）施肥时期

柑橘不同时期施肥会起到不同的效果，如早春时节施催芽肥，可以促进春梢抽生和花芽分化。5月中下旬施保果肥，作用在于提高坐果率。8月下旬施壮果肥可促进果实膨大，并满足秋梢发育和花芽分化的需要。采果后施采果肥有利于恢复树势，增强抗寒性，为来年抽梢及花芽分化作保证。具体的施肥量及施肥时间表现为：

1. 催芽肥

2月下旬～3月上旬，以速效氮为主，可结合施用有机肥，施肥量占全年的20%。

2. 保果肥

4月中旬～5月下旬，以速效氮为主，磷、钾、镁肥为辅，施肥量占全年的10%。对多花树、衰弱树在花蕾露白或第一次生理落果时施。

3. 壮果肥

8月上旬～9月下旬，此时多数品种都已经进入果实膨大期，且正值早秋梢抽发，梢、果争夺营养的矛盾比较突出。合理施用壮果肥可促进果实发育，提高秋梢的质量。施肥量占全年的20%，以优质速效肥为主，配合施用有机肥。

4. 采果肥

采果后7～10天，施肥量占全年的50%，以施有机肥为主。

三、水分管理

（一）蒸腾耗水规律

柑橘植株蒸腾耗水量以12月至次年2月最低，3月份以后逐渐上升，6～8月为最高峰。

蒸腾量与气温呈正相关。蒸腾量的日变化以中午13～14时最大，5～6时及21～22时最小。6～8月时植株蒸腾量高峰期，月蒸腾量为95.8～118.9毫米。而物候期日耗水量表现为：花期＞花蕾期＞萌芽抽梢期。

（二）不同生育期需水特性

1. 发芽至幼果期（4~6月）

此时若轻度缺水会影响叶和枝梢的生长，重度缺水导致开花不完全、坐果率低及生理落果严重等现象。故该时期的土壤水分最好保持在田间最大持水量的60%~80%，但该时期我国南方地区雨水较多，应注意排水。

2. 果实膨大期（7~8月）

该时期是树体光合作用和蒸腾作用旺盛、果实迅速膨大的时期，需水量大。然而，该时期恰好是南方地区高温干旱时期，降雨较少，蒸腾量大。因此，该时期一定要进行人工灌溉，以保证充足的水分供应。

3. 果实膨大后期（8月下旬至采收期）

此时期的土壤水分对果实品质的影响很大，高的土壤含水量会促进营养生长，对果实品质及花芽形成产生不利影响。为了提高果汁糖分，可以适当干旱，但过分干燥（土壤吸力的PF值3.8以上），就会影响产量。

4. 生长停止期（采收后至翌年3月）

果实采收后，果树近于休眠时期，气温降低，蒸腾量少，若连续干旱，落叶会增多，但少许灌溉有助于树体恢复。

（三）灌溉方法

灌水方法是灌溉环节中很重要的一环，也是提高灌溉效率的一个重要环节。随着科学技术的进步，灌溉方法不断改进，以节水、增效、省工为主要内容的现代化灌溉技术已成为果园灌溉的重要标志。

1. 沟灌

又称浸灌，即在柑橘园行间开沟并与输水渠道相连，灌溉沟微有坡度，灌溉水经沟底、沟壁渗入土中。此法浸润比较均匀，适用于平坝或丘陵梯地水源较为充足的果园，但较为浪费水资源。

2. 浇灌

在水源不足或幼龄柑橘园、零星分布种植的地区，可采用人力挑水或动力引水皮管浇灌的办法。一般在树冠以下地面开环状沟、穴沟或盘沟进行浇水。该法费时费工，为了提高抗旱效果，最好结合施肥进行，可在每担水中加入4～5勺人粪尿，浇灌后立即覆土。该方法简单易行，目前在生产中应用极为普遍。

3. 喷灌

就是利用水泵、管道系统及喷头等设备，在一定压力下，把水喷到空中分散成小水滴，像下雨一样的灌溉果园。我国柑橘园近年来已逐步试行和推广喷灌技术，取得了较好的效果。

4. 滴灌

滴灌是将肥料溶于水中，利用一定的压力，通过一系列的管道和滴头，将肥水一滴一滴地渗入果树根系范围内的土层。

5. 渗灌

近几年发展起来的一种新型旱地灌溉工程技术，是把多孔管道埋于柑橘根系，在管道内通过低压水流，经过小孔向土壤渗入水分进行灌溉。渗灌比喷灌节水15%，比沟灌节水35%。

四、树体管理

（一）树体管理要求

自然圆头形、自然开心形和变则主干形的整形较为精细，大面积生产很难做到。面对劳动力价格的上升，许多产区已采用简单易行的方法，原则上是任其树体自然生长，因势利导，人为适当控制。基本要求是：行间方便通行，株间无严重交叉；树冠通风透光良好，无严重枝叶重叠，树冠内病虫害枝和枯枝少；生长整齐，树冠大小、高度、树形基本一致。

1. 一剪定干

定植时按照不同树形、不同品种所需要的高度一剪定干，抹除或剪除主干以下的分支，保持单干。

2. 枝梢培养

短截：只对强旺枝进行短截，针对主枝延长枝若生长不过旺，则不短截，生长期采用摘心打顶。疏剪是对密生枝和较强直立枝进行疏剪，以生长期疏梢为主。每次梢展叶后，疏除是密生新梢，生长期随时抹除主干、主枝上的直立强枝和徒长枝。

3. 一次定形

在管理生长较好的第二年冬，或管理一般、生长较差的第三年冬，一次修剪定形。主枝和副主枝分生角、方位角、水平角等都不拉不吊，只在定形修剪中调整，按照树的生长情况因势利导，稍加控制即可。

（二）各年龄时期的修剪

1. 幼树修剪

幼树生长势强，生长旺盛，树冠扩大快。幼树的修剪宜轻，其目的是促进树冠迅速扩大，并逐渐形成树体主要的骨架。修剪方法为：抹芽放梢，长梢摘心，短截延长枝，疏剪小枝，剪除下垂接地枝，处理徒长枝，摘除花蕾幼果。

2. 初结果树修剪

结果初期是指树冠还在扩大、产量逐年增长的时期，通常为 5 ~ 8 年。此时的修剪应朝着丰产优质的树形去做，在主枝上逐步形成侧枝，再在侧枝上形成结果枝组。侧枝的枝龄较主枝晚 1 年以上、枝组较主枝的枝龄晚 2 ~ 3 年以上。

3. 成年树修剪

成年树的树冠已达到应有的大小不再扩大，此时修剪的目的是继续维持丰产优质的树形，在此基础上达到既要丰产优质，又要维护较好的树势不至早衰的效果。此时，主侧枝已配备完成，无特殊情况一般不动，重点修剪着生其上的枝组和辅养枝。对于多年结果已衰老的枝组，或疏除或回缩，让后面的新枝取代；同时，对于过于延伸超过主侧枝的枝梢，可抑强扶弱，将其回缩至弱枝分枝处。

第四节 主要病虫害防控技术

一、砂皮病

（一）为害症状

在叶片、果实及枝条上形成突起的黑色小点，密布叶面、果面和枝条，粗糙。

（二）发病规律

砂皮病从4月上旬开始侵染叶片，5月下旬开始侵染果实，一直到收获前都可感染发病，侵染期长达6～8个月；秋梢枝杆上的小黑点是主要初次侵染来源；生长势差、老树、草甘膦施用过多的果园发病重。

（三）防治方法

（1）增施有机肥：每2年施1次含微量元素的有机无机复合肥，每株1.5～2千克，沟施；

（2）剪除病枝和太密的枝条，用45%松脂酸钠150～200倍液或5波美度石硫合剂清园；橘园禁止施用草甘膦，改用草铵膦或人工除草；

（3）化学防治：第一次，谢花2/3时；第二次，果实蚕豆大小时；第三次，果实乒乓球大小时；第四次，7月初结合防治锈壁虱时。

表1–3 柑橘砂皮病化学防治配方

次数	配方1	使用倍数	配方2	使用倍数
第1次	友生	300倍液	大生	300倍液
	极润	3000倍液	法砣	1000倍液
	怀农特	1000倍液	倍创	1000倍液
第2次	友生	300倍液	大生	300倍液
	珍润	1000倍液	40%氟硅唑	2000倍液
	怀农特	1000倍液	倍创	1000倍液

续表

次数	配方 1	使用倍数	配方2	使用倍数
第3次	珍润	1000 倍液	大生	300 倍液
	友生	300 倍液	40%氟硅唑	1000 倍液
	怀农特	1000 倍液	倍创	1000 倍液
第4次	友生	500 倍液	大生	500 倍液
	极润	3000 倍液	法砣	1000 倍液
	怀农特	1000 倍液	倍创	1000 倍液

如果是橙类，在 9 ~ 10 月果实转色期，如遇雨水较多时，应及时喷药防治。药剂配方：法砣 1000 倍液 +25% 咪鲜胺 600 倍液 + 怀农特 1000 倍液。

二、黄龙病

（一）为害症状

叶片：黄龙病的特异病状是个别枝条黄化，叶片斑驳，果农称之为“插金花”。

果实：着色不均匀，成熟时病果有的部分还是青的，味苦，不能食用。枝条：结果树上部分先落叶，枝条干枯。

根：病树很少长新根，老树根腐烂。

（二）传毒介体

柑橘木虱是传病的主要媒介。柑橘木虱在湖南一般发生 5 ~ 6 代，以成虫密集在叶背越冬。柑橘木虱以秋梢期（7 ~ 8 月下旬）发生最多，其次是春梢期（3 月上旬），再次是夏梢期（5 月下旬），因此抽梢期是木虱发生为害的 3 个高峰期。成虫特别喜爱在刚抽发的嫩芽上吸食和产卵。卵多产于嫩芽上，每头雌虫可产卵 500 ~ 1400 粒。没有嫩芽柑橘木虱就不产卵，若虫离开嫩芽不能存活。若虫集中为害新梢，因此抽梢期喷药防治特别重要。

（三）防治方法

严禁病区的接穗和苗木流入新区和无病区；砍除病树，连根挖起，晒干烧毁；消除传病媒介柑橘木虱，这是预防病害流行的重要环节：在抽春梢、夏梢、秋梢期，使用格局 3000 倍液 + 梦幻组合 3000 倍液 + 怀农特 2000 倍液或特福力 5000 倍液喷雾，控制柑橘木虱。外地经验证明，凡是杀虫剂喷施次数越多，柑橘木虱防除得比较彻底的橘园，黄龙病发生程度就越轻。周边的山地、荒地也要喷格局 + 梦幻组合，防治柑橘木虱。

三、炭疽病

（一）为害症状

叶片症状：叶上病斑多出现于叶缘或叶尖，呈圆形或不规则形，浅灰褐色，边缘褐色，病健部分界清晰。病斑上有同心轮纹排列的黑色小点。叶部有时发生急性型病斑，一般从叶尖开始并迅速向下扩展，初如开水烫伤状，淡青色或暗褐色，边缘界线模糊，病斑正背两面产生众多的散乱排列的肉红色黏质小点，后期颜色变深变暗，病叶易脱落。落叶性炭疽病 5～6 月份开始侵染，9～10 月开始落叶，一直可延伸至 11 月，落叶无光泽，后期叶上长出小黑点。

枝梢症状：多自叶柄基部的腋芽处开始，病斑初为淡褐色，椭圆形；后扩大为梭形，灰白色，其上有黑色小粒点。病部环绕枝梢 1 周后，病梢即自上而下枯死。

果实症状：幼果发病，初期为暗绿色不规则病斑，病部凹陷，其上有白色霉状物或朱红色小液点。果梗受害，初期褪绿，呈淡黄色，其后变为褐色，干枯，果实随即脱落，造成大量落果。

（二）防治方法

应采取加强栽培管理，增强树势，提高抗病力为主的综合治理措施。

（1）改善果园管理。做好肥水管理和防虫、防冻、防日灼等工作，并避免造成树体机械损伤，保持健壮的树势。剪除病虫枝和徒长枝，清除地面落叶，集中烧毁。

（2）加强肥水管理，提高植株活力。深翻改土，增施有机肥和磷钾肥，避免偏施过施氮肥。

（3）做好冬季清园工作：冬季剪除病枝病叶，收集烧毁，消灭越冬病原。冬春两季用 10% 松脂酸钠 200 倍清园。

（4）5 月中下旬开始，结合防治砂皮病，可用 43% 友生 300 倍液 + 50% 极润 3000 倍液 + 怀农特 1000 倍液喷雾或 80% 大生 300 倍液 + 法砣 1000 倍液 + 倍创 1000 倍液。9 ~ 10 月喷 25% 咪鲜胺 500 倍液 + 极润 3000 倍液或法砣 1000 倍液 + 怀农特 1000 倍液防治果梗、果蒂炭疽病。

四、溃疡病

（一）为害症状

叶片：植株叶片上先出现针头大小的浓黄色油渍状圆斑，接着叶片正反面隆起，呈海绵状，随后病部中央破裂，木栓化，呈灰白色火山口状。病斑多为近圆形，常有轮纹或螺纹状，周围有一暗褐色油腻状外圈和黄色晕环。

果实和枝梢：病斑与叶片上的相似，但病斑的木栓化程度更为严重，山口状开裂更为显著，枝梢受害以夏梢最重，严重时引起叶片脱落，枝梢枯死。

（二）发病规律

病原细菌在柑橘病部组织内越冬。翌年温度适宜、湿度高时，细菌从病斑中溢出，借风、雨、昆虫和枝叶交互接触作短距离传播。远距离的传播则主要通过带菌苗木、接穗和果实。病菌落到寄主的幼嫩组织上，由气孔、水孔、皮孔和伤口侵入，潜育期 3 ~ 10 天。病害喜高温高湿，高温多雨时，病害流行。该病发生的最适温度为 25℃ ~ 30℃，田间以夏梢发病最重，其次是秋梢、春梢。溃疡病自 4 月上旬至 10 月下旬均可发生，5 月中旬为春梢的发病高峰；6 月、7 月、8 月为夏梢的发病高峰，9 月、10 月为秋梢的发病高峰，6 ~ 7 月上旬为果实的发病高峰。

（三）防治方法

（1）严格执行检疫，培育无病苗木，减少果实和叶片损伤，及时防治潜叶蛾等害虫，减少虫伤。

（2）冬季清园：剪除发病枝叶和果实，并集中烧毁，冬春两季喷施松脂酸钠 150～200 倍液清园。

（3）化学制剂药物防治：在 4 月上旬、5～9 月，根据田间病害发生情况，用歌蓝得 1500 倍液 + 怀农特 1000 倍液，或 20% 橙亮 1000 倍液 + 怀农特 1000 倍液，或可杀得 600～800 倍液 + 怀农特 1000 倍液喷雾。发生严重的果园，每次暴风雨后都要喷 1 次药。

五、疮痂病

（一）为害症状

叶片：初期产生水渍状黄褐色圆形小斑点，逐渐扩大，颜色变为蜡黄色，后病斑木质化而凸起，多向叶背面突出而叶面凹陷，叶背面部位突起呈圆锥形的疮痂，似牛角或漏斗状，表面粗糙。新梢叶片受害严重的早期脱落。天气潮湿时病斑顶部有一层灰色霉状物。有时很多病斑集合在一起，使叶片畸形扭曲。

新梢：受害症状与叶片基本相同，但突出部位不如叶片明显，枝梢变短而小、扭曲。

幼果：在谢花后不久即可发病，受害的幼果，初生褐色小斑，后扩大在果皮上形成黄褐色圆锥形，木质化的瘤状突起。

（二）发病规律

疮痂病菌以菌丝体在患病组织内越冬。翌年春季，当气温回升到 15℃以上，并为阴雨高湿的天气时，老病斑上即可产生分生孢子，并借助水滴和风力传播到幼嫩组织上，萌发后侵入。潜育期 10 天左右，新病斑上又产生分生孢子进行再次侵染。

（三）防治方法

（1）田间管理：剪除病梢病叶。冬季和早春结合修剪，剪除病枝病叶，春梢发病后也及时剪除病梢。

（2）化学防治：春梢期（芽长 2 毫米）施药防治；以防治幼果疮痂病为

重点，于花谢 2/3 时喷药，发病条件特别有利时可在半个月后再喷 1 次。

（3）防治药剂配方：友生 (43% 代森锰锌 SC)500 倍液 + 极润 (50% 吡唑醚菌酯)3000 倍液 + 怀农特 1000 倍液或大生 500 倍液 + 法砣 1000 倍液 + 倍创 1000 倍液喷雾。

六、蚜虫

（一）为害症状

柑橘上蚜虫主要有橘蚜、绣线菊蚜等。为害柑橘的芽、嫩梢、嫩叶、花蕾和幼果，吸食汁液引起嫩叶皱缩卷曲，落花落果，新梢长势弱。有的还诱发煤烟病，影响树势。

（二）发病规律

橘蚜每年发生 20 个世代以上，以卵在枝条上或以成虫越冬，次年 3 月开始孵化为无翅胎生若蚜，每个无翅胎生雌蚜一生最多可胎生若蚜 68 头。繁殖的最适气温为 24℃ ~ 27℃，在春夏之交时数量最多，夏季高温对其不利，晚春和晚秋繁殖最盛；绣线菊蚜每年发生 20 多代，以卵在寄主枝条裂缝或芽苞越冬。3 月上旬越冬卵开始孵化。4 ~ 5 月出现第一个繁殖高峰，9 ~ 10 月是第二个为害高峰。

（三）防治方法

（1）农业防治。一般蚜虫大多在柑橘的幼嫩部分，因此对于无规律生长的嫩梢，可通过及时抹梢办法，一律予以抹除，从而达到阻断成虫食物链，降低虫口基数的目的。冬季修剪时，可以剪除被害枝及有蚜虫枝，结合冬季清园杀死枝干上的越冬虫卵。

（2）生物防治。蚜虫天敌种类较多，是制约其消长的重要因素，特别是食虫瓢虫，分布普遍，并常可形成较大的种群，是控制蚜虫大发生最关键的自然因素。春夏期间天敌数量较多，应尽量避免使用高毒、长效、广谱性杀虫剂。在蚜虫发生期，使用 0.3% 苦参碱水剂 200 倍液 + 怀农特 1000 倍液喷雾，有很好的防治效果。

（3）物理防治：在柑橘园内挂黄板诱蚜，每亩橘园挂 20 ~ 30 片黄板。

（4）化学防治。当新梢有蚜率达 20% 时，喷施 25% 骇浪（吡虫啉）1500 倍液或 10% 啶虫脒 2000 倍液防治。

七、红蜘蛛

（一）为害症状

成螨、若螨以刺吸式口器刺入叶片、枝条及果实表皮，吸取汁液及叶绿素。刺吸叶片汁液，致受害叶片失去光泽，出现失绿斑点，受害重的全叶灰白脱落，影响药株开花结果。对柑橘树势与产量产生较大的影响。

（二）发病规律

柑橘红蜘蛛每年发生 20 ~ 24 代，世代重叠。多数以卵在叶背面主脉两侧及枝条裂缝中过冬，也有的以成螨或幼体越冬。柑橘红蜘蛛行两性生殖。有时也行孤雌生殖，但其后代均为雄螨。雌螨出现后即行交配，一生可交配多次，交配后 1 ~ 4 日即产卵。春季世代产卵量最多，夏季世代产卵量最少。卵多产于叶片、果实及嫩枝上，叶片正反面均有，但以叶背主脉两侧居多。雌成螨的寿命夏季平均为 10 天左右，冬季平均为 50 天。各代各虫态的历期，均以成螨期最长，其次为卵，其他各虫态均较短。

（三）防治方法

防治柑橘红蜘蛛的关键时期是在春季发芽至开花时。用药注意轮换和混合使用。成年树应抓好早春及晚秋，苗圃及幼树除春秋季外，还应加强冬季防治。

（1）冬季清园：采果后和柑橘开花前这段时间，越冬虫口的多少直接关系到来年的虫情，在冬春两季用 45% 松脂酸钠 200 倍喷雾清园，杀死越冬虫卵。

（2）生物防治：利用和保护天敌，对柑橘红蜘蛛控制作用显著，尤其是捕食螨和食螨瓢虫。在 3 ~ 5 月和 9 ~ 10 月，在害螨虫口平均每叶 2 头以下的橘树上，每株释放尼氏钝绥螨或纽氏钝绥螨 200 ~ 400 头，放后 1 个月左右可对其进行有效控制。

（3）化学防治：采取前期喷药防治，后期保护利用天敌的原则。谢花后，天敌数量增多，应尽量做到不全面喷药，特别是剧毒农药和波尔多液等，应改普治为挑治，控制虫源发生中心，降低害螨虫口密度，以保护天敌。在柑橘开花前使用的药剂有：20% 哒螨酮 WP1000～1500 倍液、5% 尼索朗 EC1000～2000 倍液、24% 螺螨酯 3000～4000 倍液 + 怀农特 1000 倍液喷雾。开花后气温较高，除用上述药剂外，还可选用 73% 克螨特乳油 1500～2000 倍液、25% 阿维乙螨挫 3000 倍液、24% 阿维螺螨酯 SC1500～2000 倍液 + 怀农特 1000 倍液喷雾。

八、锈蜘蛛

（一）为害症状

为害柑橘类，以成若螨群集于叶、果和嫩枝吸汁为害，被害果实、叶背呈古铜色，表面粗糙，失去光泽，造成叶片卷缩、枯黄脱落，果呈黑皮果，严重影响树势、产量和品质。

（二）发病规律

湖南平均年发生 20 代左右，世代重叠，以成若螨在枝叶上越冬。3～4 月为害春梢，5～6 月蔓延至果，随即虫口数量激增，7～8 月虫口达到当年最高峰，7～10 月为发生盛期。主要为害果实，果实被害后表皮细胞破坏，果皮变锈或黑色，严重的造成落果，一般宽皮柑橘类比橙和柚类受害较重。

（三）防治方法

（1）天敌防控。多毛菌是锈蜘蛛主要天敌，防病时尽量不用或少用波尔多液或石硫合剂，以免杀伤捕食螨和多毛菌。

（2）按虫情喷药挑治。当锈蜘蛛密度达到平均每视野 (10 倍手提放大镜)2～3 头，或发现个别树有少数黑皮果和个别枝梢叶片现锈斑褐叶时，应立即喷药挑治，注意喷树冠内部、叶背和果实阴暗面，用药参照柑橘红蜘蛛防治。

（3）结合防治砂皮病，用大生 300 倍液或友生 300 倍液可兼治锈蜘蛛。

九、矢尖蚧

（一）为害症状

雌成虫和若虫固定在柑橘等植物叶片、枝梢、果实上吸食汁液，致叶片卷曲发黄凋落，枝条枯死，果实不能充分成熟，果味变酸，影响果实品质和产量。

（二）发病规律

湖南每年发生 2～3 代，世代重叠。主要以雌成虫越冬。翌年 4 月间，当月平均温达 19℃以上时，越冬雌成虫开始产卵，第一二代若虫高峰期分别出现在 5 月上旬和 7 月中旬。初孵若虫行动较活泼，经 1～2 小时后即固定吸食，次日开始分泌蜡质，虫体在蜕皮壳下继续生长，经蜕皮（共 3 龄）变为雌成虫。

（三）防治方法

注意保护和利用天敌；抓住各代初孵若虫期喷药，以抓好第一代若虫防治为关键。当第一代若虫初见日后约 20 天喷第一次药，再隔 15～20 天喷第二次药，药剂可用 48% 乐斯本 EC1000 倍液 +25% 扑虱灵 WP 800～1000 倍液 + 怀农特 1000 倍液喷雾，或特福力 5000 倍液 + 怀农特 1000 倍液喷雾。

十、潜叶蛾

（一）为害症状

柑橘潜叶蛾属鳞翅目橘潜蛾科害虫。以幼虫在柑橘嫩茎、嫩叶表皮下钻蛀为害，尤以苗木、幼树发生严重。潜食叶肉，呈银白色的弯曲隧道。被害叶片卷缩硬化，新梢、嫩叶受害后不能充分发育，卷曲而落叶，影响树体生长和结果。卷缩的叶片又常是柑橘红蜘蛛、黄蜘蛛、卷叶蛾等害虫的越冬场所。幼虫为害造成的伤口，有利于溃疡菌的侵入，诱发柑橘溃疡病。

（二）生活习性

柑橘潜叶蛾一般发生 9～15 代，田间世代重叠，大多数以蛹越冬，少数老熟幼虫亦能越冬。第二年 4 ~ 5 月羽化为成虫，成虫多在清晨羽化，夜出活动，趋光性弱，飞翔敏捷。羽化半小时后即能交尾，交尾后 2 ~ 3 天于傍晚产卵，卵多散产于叶背。4 ~ 5 月平均气温达 20℃左右时，幼虫开始为害新梢嫩叶，7 ~ 8 月为害最重。幼虫老熟后，将叶片边缘卷起来并在里面化蛹。

（三）防治方法

在嫩芽不超过 2 厘米或抽发嫩芽 50% 时喷药，隔 6 ~ 7 天再喷 1 次药，连续喷 2 ~ 3 次。重点喷新芽，成年树以喷药挑治新梢为宜，避免杀伤天敌，着重早期防治才能见效。可先抹除零星发的嫩芽，加强肥水管理，促使新芽抽发整齐再喷药。使用的药剂和浓度如下：格局（15% 高效氯氟氰 SL）3000 倍液 + 怀农特 1000 倍液，或骇浪（25% 吡虫啉）2000 倍液 + 怀农特 1000 倍液喷雾，可渗入叶表皮内，杀死已潜叶的老龄幼虫。

十一、天牛

（一）天牛种类

1. 褐天牛

成虫体长 26 ~ 51 毫米，黑褐色，体被灰黄色短绒毛。幼虫蛀害主干和主枝。一般在距地面 33 厘米以上的树干为害。在中国柑橘产区 2 年完成 1 代，幼虫期长达 20 ~ 23 个月，以成虫和幼虫在树干内越冬。成虫多在 4 月下旬 ~ 7 月闷热的傍晚在树干交尾，在缝穴和伤疤内产卵。初幼虫先蛀食皮层，后蛀入木质部。

2. 星天牛

成虫体长 19 ~ 39 毫米，漆黑有光泽。每年发生 1 代。以幼虫在树干或主根内越冬。中国南方多为成虫出现，咬食细枝皮层。黄昏交尾。卵多产在树干近地面部分，树皮被咬成“L”或“⊥”形裂口，产卵其中。幼虫化后，主要侵害成年树的主干基部和主根，先在树干皮下迂回蛀食，历时 3 ~ 4 个月再蛀入木质部食害，蛀孔外积有虫粪。幼虫期达 10 个月，翌年 3 ~ 4 月在隧道中化蛹。

3. 光盾绿天牛

成虫体长 24 ~ 27 毫米，墨绿色。小盾片光滑，中国南方多为每年 1 代，少数 2 年 1 代。以幼虫在枝干内越冬，5 月成虫出现，7 ~ 8 月盛发，成虫在嫩绿枝条分叉口或小枝与叶柄的分叉口上产卵。初幼虫蛀入枝条，先向梢端蛀食，被害梢随即枯死，然后再由小枝蛀入大枝，每隔 5 ~ 20 厘米钻一排粪通气孔，状如箫孔，故又有“吹箫虫”之称。

（二）防治方法

捉：6 月份在成虫大量羽化出孔时，捕杀成虫。星天牛喜在晴天中午，褐天牛喜在闷热傍晚外出活动，此时捕捉成虫效果甚佳。

刮：6 ~ 8 月份注意检查树干，若发现有泡沫状物（内有虫卵和幼虫），用小刀刮除，刮后涂敌百虫 5 倍液，防止幼虫蛀入木质部为害，可起到事半功倍的防治效果。

塞：当幼虫蛀入木质部时，可用棉花蘸 80% 敌敌畏乳油或 40% 乐果乳油 5 ~ 10 倍液塞入虫孔。或用针管注入虫孔内毒杀幼虫（孔内虫屑粪便要清除干净），然后用湿泥封堵虫孔。

钩：用一根小钢丝（一端弯一小钩）顺着虫孔伸入钩杀幼虫。

喷药防治：在卵孵高峰期（5 ~ 7 月），用红锐（5% 丁虫腈 EC）或 5% 氟虫腈 SC100 倍液 + 怀农特 1000 倍液喷雾。

十二、大实蝇

（一）为害症状

柑橘大实蝇幼虫在果实内部取食瓤瓣，常使果实未熟先黄，黄中带红，且被害果实严重腐烂，完全失去食用价值，并提早脱落，严重影响产量和品质。

（二）生活习性

该虫 4 月下旬成虫出土产卵，7 ~ 9 月份孵化幼虫，蛀果为害。受害果 9 月下旬脱落，10 月中下旬最盛，幼虫随果落地，后脱果入土化蛹。

（三）防治方法

（1）捡落果：捡掉落地上的虫果，挖坑深埋，一层石灰一层虫果。

（2）冬季清园、翻耕：消灭越冬蛹。

（3）喷药杀灭幼虫：在5月上旬和下旬，用48%乐斯本600倍液对地喷雾，杀死越冬的幼虫。

（4）用果瑞特诱杀成虫：从6月开始用果瑞特点喷投饵，1份药加2份水，混匀后每亩选10个点喷雾，喷叶片背面。每周喷施1次，连续5～7次。

（5）用诱蝇球诱杀成虫：每年从5月中旬开始，成年果园大实蝇发生中等的果园，每两棵树挂1个诱蝇球，大实蝇发生严重的果园1棵树挂1个诱蝇球。

第五节 栽培管理年历表

表1–4 柑橘栽培管理年历表

月份	物候期	主要技术工作
1月	晚秋梢老熟期和冬梢抽发期	（1）修剪整形：无论来年是否挂果，都要将未老熟的晚秋梢剪除，对新抽发的冬梢进行抹除，减少树体养分消耗，有利于来年春梢抽发。 （2）叶面喷施：来年不挂果树，11月下旬喷1次赤霉素100毫克/千克；来年挂果树，喷0.5%磷酸二氢钾+水溶有机肥+含高硼锌镁微肥，1～2次。 （3）病虫防治：施药消灭越冬病虫，铲除青苔、煤烟等，摘除溃疡病叶，剪除有溃疡病的枝条，再喷1次药。 有效药剂：噻唑锌或喹啉酮或氢氧化铜+代森锰锌或丙森锌+乙螨唑+毒死蜱或克螨特等，及时消灭溃疡病、红蜘蛛等病虫。

续表 1

月份	物候期	主要技术工作
2月	冬季清园期	（1）施越冬肥：大寒前后，挖深沟施腐熟有机肥2.5～5千克+钙镁磷肥0.5千克，以利于幼树根系纵向扩展和保证来年枝梢生长，树冠扩大。 （2）促花水肥：对第三年投产树，1月底淋腐殖酸钾、海藻酸等水溶性有机肥，利于促花防寒。 （3）清园工作：施药消灭越冬病虫，铲除青苔、煤烟等，摘除溃疡病叶，剪除有溃疡病的枝条，再喷药。 有效药剂：噻唑锌/喹啉酮/氢氧化铜+代森锰锌或丙森锌+乙蒜素+毒死蜱+乙螨唑或克螨特等，及时消灭溃疡病、红蜘蛛等病虫。
3月	春芽萌动期	（1）施春梢肥：一般春梢在3月开始抽发，则在梢前15天施促梢肥，以速效肥料为主，如尿素、高氮复合肥，浓度0.1%。 （2）肥后修剪：选择粗壮的秋梢修剪，以促发春梢，统一修剪，整齐放梢。 （3）病虫防治：修剪后(梢前)喷1次，2月底早抽发的嫩芽长1厘米长时再喷1次，杀灭柑橘木虱、粉虱、蚜虫和预防溃疡病、炭疽病等。 有效药剂：噻唑锌 / 喹啉酮 + 代森锰锌 / 丙森锌 + 毒死蜱 + 氟啶虫胺腈 / 吡虫啉 / 啶虫脒，溃疡病药剂轮换使用。
4月	春梢萌发生长期	（1）根外施肥：通过叶面补充营养，促进新梢生长、转绿。前期以高氮叶面肥为主，新梢有10厘米以上时，喷高钾+水溶有机肥为主，促老熟。 （2）整形抹梢：对密集春梢进行抹除，去弱留强，每枝秋梢桩留2～3条春梢。 （3）病虫防治：4月上中旬大部分春梢叶片已经展开、叶片转绿前喷1次，杀灭柑橘木虱、粉虱、蚜虫、红蜘蛛和预防溃疡病、炭疽病等。 有效药剂：噻唑锌 / 喹啉酮 + 代森锰锌 / 甲托・吡唑 + 乙螨唑 + 毒死蜱 + 氟啶虫胺腈 / 吡虫啉 / 啶虫脒，溃疡病药剂轮换使用。

续表 2

月份	物候期	主要技术工作
5月	春梢生长期夏梢萌发期	（1）根外施肥：对未老熟春梢，通过叶面补充营养，喷高钾+微量元素+水溶有机肥为主，促老熟。 （2）施夏梢肥：5月中旬约梢前15天，雨后撒施尿素或复合肥，浓度0.1%，或淋水肥。 （3）摘顶修剪：对即将老熟春梢进行摘顶，促其老熟；春梢老熟后，选择粗壮的春梢短截，以促发夏梢。 （4）病虫防治：摘顶或修剪后，喷1次药剂防治红蜘蛛、潜叶蛾、蚧壳虫、蚜虫、粉虱等，预防溃疡病、炭疽病等。 有效药剂：噻唑锌 / 喹啉酮 + 代森锰锌 / 甲托・吡唑 + 乙螨唑 / 螺螨酯 + 毒死蜱 + 氟啶虫胺腈 / 吡虫啉 / 啶虫脒。
6月	夏梢生长期	（1）根外施肥：通过叶面补充营养，促进夏梢生长、转绿。前期以高氮叶面肥为主，新梢有10厘米以上时，喷高钾+水溶有机肥+微肥为主，促老熟。 （2）整形抹梢：对密集夏梢进行抹除，去弱留强，每枝秋梢桩留2～3条夏梢。 （3）病虫防治：5月中旬大部分春梢叶片已展开、叶片转绿前喷1次，杀灭柑橘木虱、潜叶蛾、蚧壳虫、蚜虫和预防溃疡病、炭疽病等。 有效药剂：噻唑锌 / 喹啉酮 + 代森锰锌 / 甲托・吡唑 + 乙螨唑 + 毒死蜱 + 氟啶虫胺腈 / 吡虫啉 / 啶虫脒。
7月	夏梢生长期晚夏梢抽发期	（1）根际施肥：雨后施壮梢肥，以速效性复合肥为主。 （2）根外施肥：对未老熟夏梢，通过叶面补充营养，喷高钾+微量元素+水溶有机肥为主，促老熟。 （3）摘顶修剪：对未夏梢进行摘顶，促其老熟；夏梢老熟后，选择粗壮的夏梢（超过30厘米）短截，以促发晚夏梢。 （4）病虫防治：摘顶或修剪后，喷1次药剂防治木虱、潜叶蛾、蚧壳虫、蚜虫、粉虱、天牛等，预防溃疡病、炭疽病等。晚夏梢抽发1厘米左右时，喷1次药剂，结合施用高氮叶面肥。 有效药剂：噻唑锌 / 喹啉酮 / 氢氧化铜 / 农用链霉素 / 抗生素 + 代森锰锌 / 甲托・吡唑 + 乙螨唑 / 螺螨酯 + 毒死蜱 + 氟啶虫胺腈 / 吡虫啉 / 啶虫脒。

续表 3

月份	物候期	主要技术工作
8月	晚夏梢生长期	（1）整形抹梢：对密集晚夏梢进行抹除，去弱留强，每枝秋梢桩留2～3条。 （2）根外施肥：通过叶面补充营养，促进夏梢生长、转绿。萌发期以高氮叶面肥为主，新梢有10厘米以上时，喷高钾+水溶有机肥+微肥为主，促老熟。 （3）施秋梢肥：7月底，沟施腐熟有机肥+速效性复合肥或尿素为主，或淋水肥。 （4）摘顶修剪：对未老熟晚夏梢进行摘顶，促其老熟；晚夏梢老熟后，选择粗壮的晚夏梢（超过30厘米）短截，以促发秋梢。 （5）病虫防治：摘顶或修剪后，喷1次药剂防治潜叶蛾、蚧壳虫、蚜虫、粉虱等，预防溃疡病、炭疽病等。结合高氮叶面肥，1梢施2～3次药/肥。 有效药剂：噻唑锌 / 喹啉酮 / 氢氧化铜 + 代森锰锌 / 甲托 · 吡唑 + 乙螨唑 / 螺螨酯 + 毒死蜱 + 氟啶虫胺腈 / 吡虫啉 / 啶虫脒。以上重复药剂轮换或组合使用。夏季注意雨前雨后喷药。
9月	秋梢萌发生长期	（1）整形抹梢：对密集重叠秋梢进行抹除，去弱留强，留梢2～3条。 （2）根外施肥：通过叶面补充营养，促进秋梢生长、转绿。萌发期以高氮叶面肥为主，新梢有10厘米以上时，喷高钾+水溶有机肥+微肥为主，促老熟。 对于第三年投产的植株，喷磷酸二氢钾+水溶有机肥+含高硼锌镁微肥，喷1～2次，促老熟、促进花芽分化。 （3）施壮梢肥：新梢长10厘米时，雨后地面撒施高钾速效性复合肥，或淋水肥。 （4）病虫防治：摘顶或修剪后，喷1次药剂防治木虱、潜叶蛾、蚧壳虫、蚜虫、粉虱等，预防溃疡病、炭疽病等。晚夏梢抽发1厘米左右时，喷1次药剂防治以上病虫，保证1梢施2～3次药。 有效药剂：噻唑锌 / 喹啉酮 / 氢氧化铜 + 代森锰锌 / 甲托 · 吡唑 + 乙螨唑 / 螺螨酯 + 毒死蜱 + 氟啶虫胺腈 / 吡虫啉 / 啶虫脒。以上重复药剂轮换或组合使用。防治溃疡病，注意全面喷施。

续表 4

月份	物候期	主要技术工作
10月	早秋梢老熟期、晚秋梢萌发期	（1）根外施肥：对未老熟秋梢，通过叶面补充营养，喷高钾+微量元素+水溶有机肥为主，促老熟。 （2）摘顶修剪：对未老熟的秋梢进行摘顶，促其老熟；秋梢老熟后，选择粗壮的夏梢（超过30厘米）短截，以促发晚秋梢；对于第三年投产的植株，9月下旬，早秋梢老熟后，必须控制营养生长，抑制晚秋梢/冬梢抽发。叶面喷施磷酸二氢钾+水溶有机肥+含高硼锌镁微肥，喷1～2次。 （3）病虫防治：摘顶或修剪后，喷1次药剂防治木虱、红蜘蛛、潜叶蛾、蚜虫、粉虱等，预防溃疡病、炭疽病等。晚秋梢抽发1厘米左右时，喷1次药剂防治以上病虫，喷施高氮叶面肥。 有效药剂：噻唑锌 / 喹啉酮 / 氢氧化铜 / 农用链霉素 / 抗生素 + 代森锰锌 / 甲托・吡唑 + 乙螨唑 / 螺螨酯 + 毒死蜱 + 氟啶虫胺腈 / 吡虫啉 / 啶虫脒。
11月至12月	晚秋梢生长、老熟期	（1）整形抹梢：对密集重叠晚秋梢进行抹除，去弱留强，留梢2～3条。 （2）根外施肥：通过叶面补充营养，促进秋梢生长、转绿。萌发期以高氮叶面肥为主，新梢有10厘米左右时，喷高钾+水溶有机肥+微肥为主，2～3次，促尽快老熟。 （3）施壮梢肥：新梢长10厘米时，雨后地面撒施高钾速效性复合肥，或淋水肥。 （4）病虫防治：摘顶或修剪后，喷1次药剂防治木虱、潜叶蛾、红蜘蛛、蚜虫、粉虱等，预防溃疡病、炭疽病等。晚秋梢抽发1厘米左右时，喷1次药剂防治以上病虫，保证1梢施2～3次药。 有效药剂：噻唑锌 / 喹啉酮 / 氢氧化铜 + 代森锰锌或甲托・吡唑 + 乙螨唑 / 螺螨酯 + 毒死蜱 + 氟啶虫胺腈 / 吡虫啉 / 啶虫脒。以上药剂轮换或组合使用。

第二章 杨梅栽培管理实用技术

/ 李先信　周长富　龚碧涯　刘　娟

杨梅为杨梅科、杨梅属果树，多年生常绿乔木，是中国特色经济水果。杨梅果实属核果类，食用部分为外果皮外层细胞发育而成的囊状突起肉柱，外果皮无保护层，内果皮 (果核壳) 坚硬，种仁无胚乳，只有子叶两枚。杨梅果实柔软多汁、酸甜适度、芳香浓郁，可食部分占 90% 以上，是夏季人们最喜欢的水果之一，具有生津止渴、助消化、解酒、解暑热等功效。杨梅果实营养丰富，除富含多种人体所必需的营养元素如维生素、糖类以及钙、磷、钠、铁、锌等矿物质之外，还含有大量的花青素和多酚类物质，因此具有强烈的自由基清除能力。杨梅果实除鲜食外，还可加工成糖水杨梅罐头、蜜饯、果汁、果干、果酒等食品，此外，杨梅果核中还含有众多不饱和脂肪酸、蛋白质以及多种人体必需的氨基酸，杨梅核木醋液还具有强烈的抗菌活性。杨梅为四季常绿树种，其树形自然生长开张，也是一种极佳的风景园林树种和水土保持树种。目前多地将杨梅作为小区绿化和行道树种。因此杨梅综合了许多优良特征，具有极高的经济价值。

杨梅在中国已有 2000 多年的栽培历史，目前我国栽培面积占全世界杨梅栽培面积的 99% 以上，除日本、印度等国有少量栽培外，欧美国家仅将其当作观赏或药用植物种植。杨梅主要分布在东经 97° ~ 122° 和北纬 18° ~ 33°，经济栽培集中在东经 103° 以东和北纬 31° 以南地区，即长江流域以南、海南岛以北地区，杨梅树对低温敏感，喜冬季温暖和春、夏季湿润的气候。主要栽培省区有浙江、福建、湖南、江苏、云南、广西、贵州和重庆等，其中浙江栽培面积最大，接近 130 万亩。由于中国杨梅栽培历史悠久，生态环境多样，因而产生了性状多异的品种、品系和类型，形成了丰富的种质资源。据全国杨梅科研协作组有关单位的调查和整理，我国杨梅品种共有 305 个品种和 105 个品系，现有保存种质资源 400 份，已定名的品种共 268 份。

湖南杨梅主要分布在湘南和湘西南，全省共计 20 万亩左右，其中怀化靖州县及周边市县是湖南省杨梅集中分布区，面积最大，将近 8 万亩。郴州宜章、汝城，衡阳衡南县，邵阳邵东县基本上都达到 2 万亩。而湘东、湘北地区长沙、常德多地有零星杨梅果园。作为休闲采摘体验感极好的一种果树，当前湖南省各城市周边发展迅速，栽培面积也逐年增长。

第一节　品种特性及对环境条件的要求

一、对环境条件的要求

（一）海拔和纬度

杨梅主要生长于我国江苏、浙江、台湾、福建、江西、湖南、贵州、四川、云南、广西和广东等地，此外日本、朝鲜和菲律宾也有分布。杨梅自然生长在海拔 25～1500 米的山坡中，年平均温度在 15℃～21℃，极低温度不低于 -9℃的低温。年降水量要求 1000～1500 毫米，但花期要求晴天，果实成熟时不宜雨水过多，因此长江中下游和西南、东南省区都比较适合杨梅种植。

（二）坡向和坡度

杨梅为阳性树种，生长期特别是果实成熟期间，需要足够的光照才能保证树体正常生长，从而生产出优质的果实。此外，杨梅果实采摘期短，短时间需要大量采摘，所以选择缓坡地带或平地做杨梅果园较为适应，且缓坡地应以朝南或西南方向坡向的最佳。

（三）土壤条件

杨梅喜偏酸性土壤（pH 值 4.5 ~ 5.5）、蕨类植物生长良好的地方。南方广阔的红、黄壤或紫色土都适合杨梅生长，土壤有机质含量较多，透气性好，土壤中磷钾肥含量较多，有利于杨梅品质的提高。

砂岩土：南方紫色砂岩土类型较多，且土壤耕作层较薄，土壤保水性差，有机质含量也极低，但如果通过增加有机质含量，增加土壤的保水保肥性，也非常适合杨梅生长。

农田土：随着当前农户对果树种植积极性的提高，很多农户利用平地菜园土或农田开展杨梅果园建设，田地土质经过多年耕种和逐年的改造，土壤较为肥沃，且土层深厚，但菜园地和农田较平缓，而南方雨水较多，如能采用台地栽培，开大沟排水则非常适合杨梅生长。

（四）周边环境

杨梅果实成熟后没有外果皮包被，直接供人们食用，因此果园周边环境一定要远离污染源，防止大气或酸雨造成果实污染，且不能临近菜市场、水果市场、食品加工厂等，要有效隔离果蝇、苍蝇等害虫。

二、品种特性

目前湖南省主栽品种为东魁杨梅和荸荠杨梅，其中荸荠杨梅占到总面积的 60% 以上，东魁杨梅占到 30%，安海软丝和安海硬丝占 10%。安海软丝与安海硬丝在湖南大部分区域具有较好的适应性，安海软丝成熟期早，安海硬丝耐储性好，因此这两个品种很受种植户欢迎，种植面积也越来越广。此外，湖南靖州本地优良品种木洞杨梅也有一定面积的分布。

（一）东魁杨梅

原产地为黄岩区江口街道东岙村，果实不正圆形，属大果晚熟品种，单果重 20 ~ 50 克，果色紫红，肉柱较粗，可溶性固形物 13.5%，其糖含量为 10.5%，果汁含量为 74%，而酸含量仅为 0.35%。该品种树势强健，树姿直立，树冠高大，呈圆头形。在栽培方面，东魁需要严格控制施肥种类，以有机肥和钾肥为主，适当补充氮肥和磷肥，加强修剪，控制树势，减少营养生长，促进开花结果。

（二）荸荠杨梅

原产于余姚，具有适应性广、早果和丰产的特性，在多个地区多种环境的产地条件下均能表现早果丰产性能，是我国推广的主要品种。荸荠杨梅树势中庸，树姿开张，枝梢较稀疏，树形较矮。果中等偏小，重约 9.5 克，扁圆，形似荸荠故名“荸荠杨梅”。完熟时果面紫黑色，肉柱棍棒形，柱端圆钝，离核，肉质细软，汁多，味甜微酸，略有香气，可溶性固性物含量高达 13%，含酸量 0.8%，可食率高达 96%，品质特优，核小。6 月中旬至 7 月初成熟，采收期长达 20 天左右。丰产稳产，定植后 3 ~ 5 年开始结果，10 年进入盛果期，旺果期可维持 30 年左右，经济结果寿命约 50 年。盛果期平均株产 50 千克以上，最高可达 450 千克。

（三）软丝杨梅

果正圆球形，平均单果重约 15 克；果面紫红色至紫黑色，肉柱圆钝较长，两侧有纵浅沟各一条或不明显，果蒂有青绿色瘤状突起，肉质细软，汁液多，甜酸适中，核小，可食率 95% 以上，口感好、果形佳。果实于 5 月中下旬成熟。

（四）硬丝杨梅

果正圆球形，平均单果重约 16 克；果面紫黑色，果蒂有青绿色瘤状突起，肉柱尖头，长而较粗，耐贮性好；具香气、多汁、核小等优点，可食率 95% 以上，果实于 5 月中下旬成熟。

（五）木洞杨梅

原产于靖州坳上镇木洞村，色泽艳丽、果大核小、果肉酸甜适度、风味独特，有“江南第一梅”之美称。平均单果重 18 ~ 25 克，可溶性固形物含量 9.8% ~ 11%，总酸含量 0.89% ~ 1.41%，总糖含量 15.8% ~ 26.8%，可食部分 90% 以上，6 月中下旬成熟上市。

第二节　建园技术

杨梅为多年生果树，种植后，从第四年开始结果，管理恰当可丰产上百年时间，因此建园的好坏对未来多年的经济效益起到至关重要的作用，选择优良的品种，确定适合杨梅正常生长的区域气候、土壤和环境自然因子是建设优质杨梅园的前提。

一、园地区划

因地制宜地做好杨梅果园的区划，先实地调查和研究园地的大小、坡度、坡向、水源、道路等现有条件，依现有条件开展果园区划，设置好园地小区、道路、水源管道等配套设施。

（一）小区规划

根据果园的地理位置和条件，面积超过 30 亩的应将果园划分为多个小区，小区划分的原则是保持土壤、气候、光照等基本一致，利于田间管理和肥料农药施用，方便果实采摘和运输。地形复杂的地方，小区面积应根据实地划分成 15 ~ 20 亩，缓坡地划分成 20 ~ 40 亩，而平地则需 40 亩以上。小区的形状可根据原有的道路、山脊、沟渠等自然的地貌进行划分，没有原有道路和沟渠的果园可依据等高线和园区道路将果园进行划分，平缓地则将果园划分为多个长方形小区。

（二）道路区划

果园的道路系统依据小区的规划，将道路分为主道、干道和支道，一般园区设置主道 1 ~ 2 条，主道作为小区的分界线，并与外界交通系统相连，每小区内设置 1 ~ 2 条干道和若干作业的支道，各级道路相互贯通。根据果园的大小，主道宽度一般为 5 米，干道宽度 2 米，支道宽度 1 米。在山地果园中，干道应盘山通向山顶。

（三）灌溉设施

在果园的高处根据果园的地形建设 1 ~ 2 个一级蓄水池，沿主道和干道布置水管。每个小区根据面积大小，保证 15 亩左右配置 1 个长宽高各 3 米的二级蓄水池，通过水管与一级蓄水池相连，利用天然水源或地下开采水保障水池长年保持较高的水位，从而满足日常灌溉和农药配制，特别是干旱气候时，要保证树体不干枯。条件较好的平地果园可从渠道引水，做成露天沟用于灌溉。

（四）排水处理

平地果园最重要的就是做好排水沟，保证土壤疏松透气，因此沿着小区周边挖一级排水沟，深 50 厘米以上，按小区纵向每 3 株开一条 40 厘米深、40 厘米宽的二级排水沟，按小区横向逐行开 30 厘米深、3 厘米宽的三级排水沟。山地果园在果园顶部和周边与其他林地接壤的地方或小区周围开深度和宽度各 50 厘米以上的一级排水沟，每梯壁内侧开 20 厘米宽、20 厘米深的横向排水沟连接果园周边或小区周围一级排水沟。

（五）防护林

用材林树种或绿篱植物做防护栏，尤其在沿海省份，每年都受到多次台风影响，防护林种植可有效地阻挡气流，降低风速，从而保护杨梅的正常生长。此外绿篱作物栽培可较好地防治畜禽或人类活动对果园的破坏。防护林树种一般有杉木、核桃、樟树、柳杉、杨树、皂荚、槐树、桂花等，绿篱作物可以用枳、火棘、小檗、冬青、石楠、黄杨、女贞、红叶小檗、水蜡、龙柏、侧柏、木槿、黄刺梅、蔷薇等。

（六）果园用房建设

根据果园规模的大小，建造管护房、农资仓库、杨梅储藏库，必要情况下建造生活用房和办公用房。

二、园地整理

建园整地时间一般在 10 月上旬开始，保证 2 月前全部整地完成。在无霜冻情况下提倡秋季定植，有利于幼树恢复生长，建园前砍伐和清除园地的杂草、灌木等，浅草和小灌木可砍伐后呈水平带状堆积，方向与每条梯土平行，待撩壕完成后，结合填土分层压埋到壕沟内，繁茂灌木需先将较为粗大的枝干砍伐堆积，待干后集中处理。

（一）高线撩壕开梯

为保持水土，坡度超过 10° 的坡地必须沿等高线修筑梯田，修筑梯田原则应自下而上修筑，先沿最低层修第一条等高线，然后根据坡度大小确定梯地间水平距离为 2 ~ 4 米，梯面宽度随梯壁高度的增加而加宽，一般为 3 ~ 5 米。

用中小型挖机修筑梯田，梯田修建与开沟撩壕同时进行，边翻土边培土，将土层的表土往上坡向摆放，底层土往梯外方向堆放，然后挖 50 ~ 70 厘米深的壕沟，将表土和清园时烧的草木灰及未燃烧完全的草根枝条等压入壕沟，如杂草和草木灰较少，表土回填前还需每亩 2 ~ 4 吨的有机肥，如牛羊粪、锯木屑、枯饼肥，也可购买厂家生产的专用有机肥。回填表土后，将生土回填壕沟，回填后修整梯田，壕沟回填应高于梯面 30 厘米。

（二）挖鱼鳞坑

对于地势陡峭或地形复杂等不适合修筑等高线梯田的果园，可采用挖鱼鳞坑的方式进行栽培，具体方法为：在等高线上沿按 4 米 × 6 米的株行距确定定植点，然后以定植点为中心，从上部挖土，修成外高内低且长宽分布大于 2 米的半月形台田，台田的外面用土堆或石块堆砌，然后挖种植穴，长宽高至少 80 厘米 × 80 厘米 × 80 厘米，每穴加入 40 千克的有机肥和 3 千克钙镁磷再回填表土，最后将生土拌 1 千克复合肥，待苗木定植。

（三）平地起垄

在平地果园和山地水平梯田果园，为保证果园排水良好，应抬高立地条件，沿水平方向条状挖壕沟，壕沟宽 80 厘米、深 80 厘米，倒入有机肥，每亩 2 ~ 4 吨，然后回填表土，最后用两边的生土回填成高于地平面 60 厘米左右的长垄。

三、定植

（一）定植时间

杨梅一般为春季定植，但只要能避免冬季霜冻，可稍微提前栽培，一般 12 月到次年 3 月份都适合种植，定植时避免太阳过大，阴雨天种植效果更好。

（二）开定植穴

为了充分利用光照，在适合田间管理的条件下合理密植提高产量和经济效益，一般采用长形栽植 4 米×6 米、4 米×7 米，或 4 米×8 米，也可采用方形栽植 5 米×5 米、5 米×6 米。不同品种杨梅的生长势和生长特性存在一定的差异，因此株行距也应有一定的区别，长势较强的东魁品种可株行距宽点，营养生长中庸的荸荠杨梅可稍微密植，此外，不同土壤地形条件也应有一定的差异，土地平坦、土壤肥沃的地方应稀植，反之应密植。随着当前人工成本越来越高，将来机械化应用杨梅果园的管护应采用密株宽行的方式来定植，一般可采用 3 米×9 米或 4 米×10 米的株行距定植，便于行间机械化喷药施肥。开定植穴的时候要保存纵向基本在一条直线上，从而促进通风透气，减少病虫害的滋生。

（三）品种搭配

在一个果园中，可以采用不同品种搭配种植，也可栽植单一品种，但果园小于 50 亩，建议栽植单一品种，从而保证管理统一，且成熟期一致，不至于出现早熟品种落果后引起果蝇、霉菌等病虫害影响晚熟品种的正常成熟和采摘的情况。果园超过 50 亩，在劳动力缺乏的条件下，为合理分配管理和采摘时间，可以考虑种植 2 ~ 3 个品种，但不同品种需栽植在不同小区里，小区之间设置隔离带。此外，杨梅多数品种都为雌雄异株，靠风力传粉，一般杨梅自然分区都会有天然生长的杨梅雄株，果园造林的时候可以不种雄株，但为了使杨梅更好地丰产，也可在果园的上风口以 1% 左右的比例种植雄株。

（四）定植

选用健壮的品种嫁接苗木进行栽培，在苗木 50 厘米处摘顶，剪去全部的叶片，撕掉嫁接口薄膜，将苗木栽植在种定穴上，土层覆盖不高于嫁接口。形成土堆高于地面 30 厘米以上，踩紧压实，保存苗木直立。定植后浇足定根水，完全浇透土壤后覆盖一层松土，最后铺上地膜。

第三节　肥水管理技术

一、树形控制

杨梅是一种长势旺盛的树种，顶端优势较强，若放任自然生长，可导致树体形成很多大枝和长枝，树冠密闭，内膛严重缺乏光照，树体内小枝枯萎，树干上容易患上赤衣病、癌肿病、褐斑病等。其树形直立，冠幅较小，平面结果，丰产性差，因此幼树管理中，树形控制是最为重要的一项工作，通过修剪可从幼树开始培养成树形结构合理的丰产树形，并尽早促进幼树从营养生长向生殖生长转变，提早杨梅结果时间。

矮化树形是杨梅高效高质栽培的一项重要技术，而杨梅树精准修剪是矮化优质栽培中的主要措施，是调整树体结构、缓和树势、形成花芽、节省养分消耗、合理负载，改善树冠内部通风透光条件，避免或减轻杨梅病虫害的重要措施；也是我国杨梅优质、高效、绿色生产的重要手段。

不同时期的树体修剪方法不尽相同：幼龄树阶段以疏删轻剪为主，选留培养好主枝、副主枝和侧枝，保持各级骨干枝应有的角度和从属关系，合理配置枝群，促进树冠形成；初果期以调控生长与结果间的关系为主，继续培养各级骨干枝上的延长枝、扩展树冠，合理配置营养枝及结果枝，控制徒长枝，回缩衰弱枝，侧枝去强留弱，缓和树势，促进花芽形成，保持适量结果；盛果期剪去树冠上部直立强枝，保持树冠开张、内部光照充足，疏除密生枝，回缩衰弱枝，对部分果枝进行短截，促发预备枝，调节生长结果平衡，防止大小年结果。郁闭树冠疏除徒长枝，内部较为空虚树冠对徒长枝进行短截，促进分枝，填补空缺。

矮化树体的总体目标是将树体高度控制在 2.5 ~ 3 米，树冠开张，内膛枝旺盛，绿叶层丰厚，形成整株各方位通风透光，立体结果。成年树丰产期每株产量应在 50 千克左右。

二、土肥管理

土肥管理的目标是通过改良土壤和园地保护措施，使杨梅园的土壤具有良好的透气性、一定的保水性、丰富的有机质含量和适宜的土壤酸碱度。

（一）翻土扩穴

幼树果园翻土扩穴主要目的是除去幼树周边的杂草，防治杂草对幼树生长的干扰，此外在定植穴两边挖长沟、深沟，从而扩展杨梅的根系，促进树体生长。扩穴时，表土和生土分开堆放，充分利用田间杂草、枝叶、稻草、绿肥等作为肥料，配枯饼肥和复合肥，一层肥料一层土埋入穴中。扩穴每 2 年 1 次便可。成年果园也需每年 10 月或采果后 7 月左右深耕 1 次，主要目的是更新根系和疏松土壤，深耕的深度，一般为 20 ~ 30 厘米，近树干处则需更浅一些。深耕时配合施肥一起进行，每亩 120 千克有机无机互混肥，全园撒施后，再进行深耕。

（二）合理施肥

杨梅为典型非豆科木本固氮植物，能摄取大气中游离氮，合成植物所需的有机氮，供树体生长，此外菌根扩大树体根系与土壤的接触面，活化土壤中的矿质元素，提高了土壤中的养分，如磷、钾、锌等。因此成年杨梅果园施肥的原则是少施氮肥，以钾肥为主，最好开展营养检测与平衡施肥，通过追加有机肥，提高土壤有机质含量，果实中氮磷钾的比例大约为 20∶1∶26，基于杨梅本身为固氮植物，因此钾肥是杨梅的主要施肥成分，如草木灰、菜籽枯饼、猪牛羊粪等，此外需追加微量元素，如硼砂、硫酸锌和钼酸铵。最好使用杨梅有机无机互混专用肥。

（三）幼树施肥

主要以促进树体生长，迅速形成丰产树冠为目的，种植后，3 ~ 8 月以薄施多次速效氮肥为主，适当配合氮磷钾复合肥。新种植的杨梅树一般每株施入尿素 0.1 千克，3 年后，每株施入 0.5 千克尿素，加硫酸钾 0.2 千克。采用环状和盘状施肥，促进根系向外扩展。

（四）成年树体施肥

成年结果树以高产、稳产、优质、高效为目标，原则是增钾、少氮、控磷，为节省劳动力，一般全年施肥 2 次，第一次萌芽前的 2～3 月份，以钾肥为主，配合少量氮肥，促进春梢生长、开花、结果，每株施硫酸钾 2 千克，尿素 0.5 千克，少量微量元素硼砂、钼酸铵、硫酸锌及有机肥 10 千克；第二次为 9 月，主要以有机肥为主，施入 20 千克有机肥和 1 千克硫酸钾。施肥都以条状沟施的方式进行，沟宽 30 厘米，深 30 厘米，第一次为东西方向，第二次则为南北方向。

三、采收与运输

（一）采摘时间

杨梅采收时期因品种不同、地域不同而成熟期不同，成熟与否应依据不同品种成熟时表现出的特征加以判断，乌杨梅的果实由紫红转为紫黑的时候为最佳采收期，红杨梅待果实肉柱充实、光亮、色泽转至深红色或紫红的时候采收，白杨梅则应在果实肉柱绿色完全消失，肉柱充实，呈现白色水晶透亮状时采收。

（二）采摘方法

在同一株树上，杨梅成熟也有一定的先后，所有杨梅采收需多次分批采收，采收时间以清晨或傍晚最佳，避免在雨天采摘。鲜食杨梅采摘要尽量不让果实受到挤压和损伤，小竹篮内包布层或棉层，起到缓冲作用，且每篮不宜超过 5 千克。从而保证果实完整、新鲜。加工杨梅采摘可以在树下垫地膜摇枝振落果实，再捡拾。但这种方法损伤大，需尽快送往加工厂进行预处理。

（三）预冷与贮藏

鲜食杨梅采摘后应尽快放入冷库预冷，一般预冷温度为 -5℃，预冷时间为 4 小时，预冷后，可放置 0℃～2℃的冷库中保存 10 天左右，此外采用塑料袋充入85%的氮气密封低温保存，贮藏期可延长到20天。

（四）包装与运输

当地销售一般采用较为简单的塑料筐或小竹筐底下垫入茅草或新鲜蕨类包装，当天销售。长途销售的包装运输主要利用聚丙烯泡沫盒，内置小型塑料盒加专用冰袋的方式进行包装。包装后用胶带密封，然后放入冷藏车运输。

第四节　主要病虫害防控技术

一、卷叶虫

（一）为害症状

杨梅卷叶蛾包括褐带长卷蛾、小黄卷叶蛾与拟黄卷叶蛾等，属鳞翅目卷叶蛾科。幼虫在初展的杨梅嫩叶端部或嫩叶边缘吐丝、缀连叶片呈虫苞，潜居缀叶中食害叶肉。当虫苞叶片严重受害后，幼虫因食料不足，再向新梢嫩叶转移，重新卷叶结苞为害。新梢受害后，枝条抽生伸长困难，生长慢，树势转弱。严重为害时，新梢呈一片红褐焦枯。

（二）防治方法

（1）人工摘除卵块、幼虫、蛹。冬季清园，剪除虫苞及过密枝，扫除落叶，铲除园边杂草，减少越冬虫口。

（2）在越冬幼虫出蛰盛期（5月底到6月初），结合其他害虫的防治，可喷布80%敌敌畏800倍液、20%杀灭菊酯2000倍液、苦辛碱800倍液、50%杀螟松1000倍液或用25%鱼藤酮800倍液等农药，消灭出蛰幼虫，喷时应注意喷湿虫苞。在发生严重的果园，还可人工摘除卷叶。

（3）诱杀防治。采用频振式杀虫灯或黑光灯诱杀成虫；采用糖醋液(红糖5份、黄酒5份、食醋20份、水80份混合少量的农药)挂瓶诱杀。

（4）利用不同寄生蜂对卵、幼虫、蛹的寄生来进行防治；利用食蚜蝇、步甲的幼虫和成虫捕食卵或幼虫，利用瓢虫、草蛉等捕食幼虫；利用白僵菌制剂喷雾防治幼虫。人工摘除或剪除被害枝梢，集中烧毁，摘除叶片上卵块并烧毁，在幼虫发生期用80%敌敌畏1000倍液或20%杀灭菊酯2000倍液、苦辛碱800倍液、50%杀螟松1000倍液，喷时应注意喷湿虫苞。

二、杨梅毛虫

（一）为害症状

杨梅毛虫是统称一类幼虫有毒毛的害虫，包括马尾松毛虫、乌桕黄毒蛾。马尾松毛虫属鳞翅目枯叶蛾科松毛虫属的一种昆虫，以初孵幼虫群集于新梢为害，仅留下表皮。约1周以后分散，食量大增，将叶肉吃尽，仅留叶脉。乌桕黄毒蛾属鳞翅目毒蛾科黄毒蛾属的一种昆虫，幼虫取食嫩叶，啃食幼芽、嫩树皮，轻则影响树体生长和果实产量，重则整株树体枯死，幼虫毒毛触及皮肤，会引起皮肤红肿疼痛，危及人体健康。

（二）防治方法

（1）农业防治。加强预测预报，利用幼虫群集越冬习性，人工摘除有虫枝叶，或用人工捕捉幼虫。

（2）化学防治。在越冬后4月中旬左右施药，用0.3%高渗阿维菌素乳油1500～2000倍液、Bt可湿性粉剂500倍液、4.5%高效氯氰菊酯乳油1000倍液、48%乐斯本乳油800倍液喷杀幼虫；20%灭幼脲1号胶悬剂10000倍液，即用原药7～10克。

（3）生物防治。白僵菌粉剂（每克含量100亿孢子，每亩用量0.5千克，白僵菌油剂每毫升含量100亿孢子，每亩用量100毫升，白僵菌乳剂每毫升含量60亿孢子，每亩用量150毫升）；苏云金杆菌制剂喷施；在卵期针对性地释放赤眼蜂，每亩5万～10万头。

（4）物理诱杀。采用太阳能杀虫灯、黑光灯等诱杀成虫，每20米安装1盏。

三、杨梅尺蠖

（一）为害症状

杨梅尺蠖，又叫云尺蠖、油桐尺蠖，食性杂，为害油茶，油桐、杨梅、大豆、玉米等作物，幼虫咬食叶片呈缺刻，大发生年常将叶片食尽，仅留下叶脉。

（二）防治方法

（1）农业防治。树干用石灰水涂白，以防止成虫产卵，并有杀卵作用；结合深耕，耙除虫蛹。

（2）物理防治。采用太阳能杀虫灯、黑光灯等诱杀成虫，每 20 米安装 1 盏。

（3）化学防治。在幼龄幼虫期，喷 90% 敌百虫、50% 杀螟松或 50% 二溴磷 1000 倍液；或 80% 敌敌畏 1500 倍液；或 50% 辛硫磷 1000 ~ 1500 倍液，或 7.5% 鱼藤精 800 倍液；或 2.5% 溴氰菊酯 6000 ~ 8000 倍液。

（4）生物防治。白僵菌粉剂（每克含量 100 亿孢子，每亩用量 0.5 千克，白僵菌油剂每毫升含量 100 亿孢子，每亩用量 100 毫升，白僵菌乳剂每毫升含量 60 亿孢子，每亩用量 150 毫升）；苏云金杆菌制剂喷施。

四、小细蛾

（一）为害症状

杨梅小细蛾，属鳞翅目细蛾科，主要为害杨梅、马尾松、香椿、枫树等，幼虫潜伏在叶背取食叶肉，仅剩下表皮，外观呈泡囊状，泡囊初期近圆形，幼虫长大后呈椭圆形，似黄豆大小，每个泡囊仅 1 条幼虫，造成全叶皱缩弯曲，提早落叶，影响光合作用和营养物质积累，减产降质，影响树势和产量。

（二）防治方法

（1）农业防治。冬季清园，冬季清除落叶、剪除为害严重的枝叶，集中烧毁。

（2）物理防治。采用太阳能杀虫灯、黑光灯等诱杀成虫，每 20 米安装 1 盏。

（3）利用不同寄生蜂、瓢虫、草蛉等捕食幼虫；利用白僵菌制剂喷雾防治幼虫。

五、袋蛾

（一）为害症状

袋蛾又名蓑蛾、避债蛾，属鳞翅目、袋蛾科，幼虫居于各种各样的丝质袋中，负袋而行，蛹化于袋中。幼虫取食树叶、嫩枝皮及幼果。大发生时，几天能将全树叶片食尽，残存秃枝光干，严重影响树木生长，开花结实，使枝条枯萎或整株枯死。

（二）防治方法

（1）农业防治。人工摘树冠上袋蛾的袋囊。

（2）化学防治。7 月上旬喷施 90% 敌百虫晶体水溶液或 80% 敌敌畏乳油 1000 ~ 1500 倍液，2.5% 溴氰菊酯乳油 5000 ~ 10000 倍液防治大袋蛾的低龄幼虫。

（3）生物防治。寄蝇寄生率高，要充分保护和利用；喷洒苏云金杆菌 1 亿 ~ 2 亿孢子 / 毫升。

六、蚧类

蚧类有多种，有柏牡蛎蚧、樟网盾蚧、榆蛎盾蚧、蛎蚧、吹绵蚧、红蜡蚧、红褐圆盾蚧、长白蚧等，蚧类属同翅目害虫，主要以雌成虫和若虫群集附着在 3 年生以下的杨梅枝条、叶片、叶柄上吸取汁液。

（一）为害症状

柏牡蛎蚧：主要以雌成虫和若虫群集附着在 3 年生以下的杨梅枝条及叶片主脉周围、叶柄上吸取汁液，其中 1 ~ 2 年生小枝条虫口密度最大，被害后嫩枝表皮皱缩，秋后干枯而死，落叶，生长不良，树势衰弱，甚至全株枯死。牡蛎蚧产卵于枝叶，第一代若虫一般在 5 月中旬孵化，第二代一般在 7

月底至 8 月中旬孵化。

樟网盾蚧：主要以雌成虫群集在 1 ~ 2 年生小枝条上，若虫群集在叶片上，吸取汁液，被害后枝梢生长不良，较短，叶小而薄，甚至叶落梢枯，全株枯死。

榆蛎盾蚧：若虫和成虫群集附着在 2 年生以上的枝条和主干上吸取汁液，被害枝条表皮皱缩，易折断，生长不良，重者干枯。

（二）防治方法

（1）整形修剪，改善树冠通风透光条件，剪除病枝，集中烧毁，减少虫源。

（2）保护、利用二星瓢虫、中华草蛉、跳小蜂等天敌，达到以虫治虫的目的。

（3）每年的 11 月到翌年 2 月，喷施石硫合剂；2 月下旬到 3 月上旬用灭蚧 50 倍。

（4）抓住第二代若虫盛孵期，及时喷扑虱灵 1000 倍，速扑杀 1000 倍液（挂果期不能喷，采果后喷）。

七、白蚁

（一）为害症状

白蚁蛀蚀根颈及树干木质部，于皮层修筑孔道，造成树干及主根系损伤，导致树体死亡。

（二）防治方法

（1）用 2.5% 天王星 (虫螨灵、联苯菊酯)0.5 千克加红糖 3 千克，冲水 300 千克，将泥土耙开，每株 15 千克，然后掩土。

（2）人工诱杀：选择白蚁爱吃的食物，如松木、甘蔗、狼箕等，堆放在白蚁为害的四周地面上，保持一定水分，在白蚁诱集较多时，用灭蚁灵或氯丹水剂喷杀。

八、天牛、爆皮虫、小粒材小蠹

（一）为害症状

三种害虫都属鞘翅目害虫，都为害枝干。其中天牛主要以幼虫蛀食杨梅枝干，造成枝干折断或树势衰弱，甚至枯死；爆皮虫主要以成虫咬食叶片造成缺刻，幼虫蛀食枝干皮层，被害处有流胶，为害严重时树皮爆裂，甚至造成整株枯死；小粒材小蠹是杂食性害虫，蛀食杨梅枝干，并分泌有毒物质在木质部扩散，造成树体衰弱和死亡。

（二）防治方法

（1）清除主干周围杂草，在树干根颈部定期培上厚土，在夏至前后钩杀幼虫后，除去培土。

（2）主干涂白，用石灰 5 千克、硫黄 0.5 千克、食盐 100 克、动物油 100 克、水适量调成糊状涂白，堵塞树干孔洞，减少产卵。

（3）用一次性注射器将 80% 敌敌畏原液注射入虫孔，再用泥封虫道。

（4）在 5 ~ 6 月使用微胶囊制剂农药（如绿色威雷等）喷洒在树干上。

（5）生物防治。喷洒病原寄生线虫，保护和利用天敌（如马尾姬蜂、褐纹马尾姬蜂及寄生蝇等）捕食害虫。

九、果蝇类

（一）为害症状

杨梅果蝇包括黑腹果蝇、拟果蝇、高桥式果蝇、伊米果蝇等，主要以幼虫为害果实，在果实成熟时，不仅成虫吮吸果汁，而且产卵于肉柱间，使肉柱间有许多小虫，被果蝇为害后的果实容易腐烂，商品性变差。

（二）防治方法

（1）清洁果园，减少蝇源。

（2）成熟前，喷施 0.3% 苦参碱水剂 200 ~ 300 倍液，或每 5 天用菊酯类农药喷地面，连续喷施 3 次。

（3）成熟期诱杀成虫：一是将敌百虫、糖、醋、酒、清水按

1：3：10：10：20 配制成诱饵，加入少量至塑料瓶制作的简易挂瓶，诱杀成虫，每隔 7 天换 1 次诱剂。二是将黑色或灰色粘虫板悬挂在树内膛枝上，每棵树挂 1 张。三是用敌百虫、香蕉、蜂蜜、食醋以 10：10：6：3 的比例配制成虫诱杀剂，每亩放 10 处左右，进行诱杀，效果较好。四是在杨梅幼果期对已经矮化的杨梅树采用防蚊帐覆盖整个树冠，覆盖后清除帐内地面杂草，并对地面进行农药喷洒，连续喷施 3～4 次。

十、褐斑病

（一）为害症状

杨梅褐斑病，俗称杨梅红点，主要为害杨梅叶片，初期在叶面上出现针头大小的紫红色小点，逐渐扩大为圆形或不规则形病斑，病斑中央呈浅红褐色或灰白色，边缘褐色，直径 4～8 毫米。后期在病斑中央长出黑色小点，发病树 10 月份开始落叶，严重时全树叶片落光，仅剩秃枝，直接影响树势、产量和品质。

（二）防治方法

（1）多施有机肥及钾肥，提高树体抵抗力；增加树冠透光度，降低果园湿度，减少发病。

（2）5 月下旬和果实采后各喷药 1 次，前者以 1：2：200 的波尔多液为宜，后者以 70% 甲基托布津可湿性粉剂 800 倍液为宜。

（3）冬季剪除枯枝，扫除落叶，减小病源，喷 3～4 波美度石硫合剂进行保护。

十一、癌肿病

（一）为害症状

俗称“杨梅疮”，是杨梅小枝干和树干上的主要病害，初期在被害枝上产生乳白色小突起，表面光滑；后扩展形成肿瘤，表面凹凸粗糙不平，木栓质变坚硬，变成褐色或黑褐色，严重时造成病枝枯死。癌肿病常因阻碍树体营养物质运输而引起树体早衰，是一种细菌性病害。

（二）防治方法

（1）严格检疫，禁止在病树上剪取接穗，禁止从疫区调苗，新区发现病树应及时挖除并烧毁。

（2）老病区，在新梢抽发前剪除并烧毁病枝，3～4月肿瘤中的病菌传出之前，用刀刮除病斑，并涂上细菌性杀菌剂（铜制剂、中生菌素、乙蒜素），也可在主干分叉处通过挂吊针的方式滴入药液。每次喷药时要喷湿枝干，要穿软鞋上树。

十二、根腐病

（一）为害症状

主要为害杨梅根系，细根先发病，再蔓延至主根、侧根，致使树体青枯、死亡，其初期症状很难察觉，仅在枯死前2个月左右才有明显症状，主要是叶色褪绿、失去光泽，树冠基部部分叶片变褐脱落。该病为90年代发现的新病害，最明显的症状为地下烂根，导致地上部枝叶枯萎。树体发病后枝叶急速发生青枯，树冠小的盛产树从发病到全树枯萎死亡在高温夏秋季仅需几天，大树仅1年，盛产树发病最多，7～8月症状表现最快、死亡率最高。

（二）防治方法

园地选择时注意避开土壤黏重、有机质含量低的且易积水的低畦处，园地原植被均是园毛草。株施0.25～0.5千克70%托布津或50%多菌灵防治效果好，地上部分症状出现后无防治效果。

十三、小叶病

（一）为害症状

生理性病虫害，叶小，新梢簇生，梢顶落叶枯萎，不结果或很少结果，病树春梢较正常树迟发生1～2周，梢短而细弱，梢顶节间短缩，顶芽萎缩，继而停长。

（二）防治方法

施用有机肥，剪除枯梢，施用硼肥。土施硼砂（采果后）每株50克，春梢发生前用 0.2% ~ 0.3% 硼砂喷洒病树树冠，以枝叶喷湿为度。

十四、赤衣病

（一）为害症状

染病植株的主干及枝条上先发现局部小范围的橘红色粉末，逐渐蔓延成大片或全枝的橘红色粉末，病株树势衰弱，果形变小，味酸，而且还会枝梢枯萎，全树死亡。

（二）防治方法

增施有机肥和钾肥，增强树势，提高树体抗病力。4 月上旬到 6 月上旬，先用刷子在枝干上擦刷病部以后，再涂 5% 硫酸亚铁溶液进行防治 。

第五节 栽培管理年历表

表2–1 杨梅栽培管理年历表

月份	物候期	主要技术工作
1月	休眠期	抗寒防冻；幼树施基肥；结果树施芽前肥
2月	花芽发育期	弱树进行小枝修剪；新造果园进行杨梅栽植、多花疏花枝；更换品种可进行高接换冠
3月	开花期	刮治癌肿病；防治白蚁；防治赤衣病；喷施叶面肥；幼树施肥拉枝定型
4月	果实发育期	继续防治赤衣病和癌肿病；施壮果肥；防治第一代卷叶蛾；防治褐斑病；弱树喷施营养液，继续防治白蚁
5月	果实发育期	蔬果；喷施叶面肥；防治褐斑病和卷叶蛾；挂罗幔；割草覆盖
6月	果实转色、成熟期	杀天牛；挂果蝇诱杀剂；及时采收；新种抗旱保苗
7月	采收期	继续采收；大树大枝修剪；防治蚧壳虫、卷叶蛾、蓑蛾、褐斑病；及时施采果肥；喷施叶面肥；喷施多效唑240 ~ 300倍液

续表

月份	物候期	主要技术工作
8月	花芽分化期	控制夏梢；新种抗旱保苗
9月	花芽分化期	割草覆盖；防治赤衣病；控制秋梢
10月	花芽分化期	深挖改土，2年1次；疏枝修剪
11月	花芽分化期	冬季修剪；树干涂白
12月	休眠期	园地清理，培土；石硫合剂清园；防冻；新造果园园地规划

3 第三章 枇杷栽培管理实用技术

/ 汤佳乐　李先信　龚碧涯　杨　玉

枇杷属隶属于蔷薇科苹果亚科，枇杷属形态特征为：常绿乔木或灌木；单叶互生，边缘有锯齿或近全缘，羽状网脉，通常有叶柄或近无柄，托叶多早落；花两性；呈顶生圆锥花序，常被茸毛；萼筒杯形或倒圆锥形，萼片 5，宿存；花瓣 5，倒卵形或圆形，无毛或有毛，芽时呈卷旋状或覆瓦状排列；雄蕊 10 ~ 40；花柱 2 ~ 5，基部合生，常被毛；子房下位，合生、2 ~ 5 室，每室有 2 胚珠；梨果肉质或干燥，内果皮膜质，有 1 粒或数粒大型种子。

枇杷果实多在春末夏初成熟，这时百果皆缺，为鲜果市场的淡季。枇杷恰于此时应市，可谓淡季的果中珍品，又因其果肉软多汁、甜酸适口、风味佳美和营养丰富，深受人们喜爱。枇杷基本成分包括蛋白质、水分、碳水化合物、脂肪、膳食纤维和质营养等。枇杷的糖类以山梨醇为主，果实成熟后其一部分转化为蔗糖，另一部分则成为葡萄糖和果糖。枇杷的果实中常含多种有机酸，如苹果酸、柠檬酸以及未成熟果实中的酒石酸。枇杷果肉中还含有丰富的 8 种人体必需的氨基酸及 10 种非必需的氮基酸，是增强人体视力的重要营养成分。

据中国疾病预防控制中心营养与食品安全所分析，100 克枇杷果肉含蛋白质 0.4 克，脂肪 0.1 克，碳水化合物 7 克，粗纤维 0.8 克，灰分 0.5 克，钙 22 毫克，磷 32 毫克，类胡萝卜素 1.33 毫克，维生素 C 3 毫克，是优良的营养果品。此外，枇杷的花、果、叶、根及树皮等均可入药，具有很高的药用价值。

中国是枇杷的故乡，栽培历史悠久，品种类型丰富，现分布区已遍及北纬 33° 以南的 20 个省（自治区、直辖市），并有许多集中产区和传统名牌品种，驰名国内外。国外枇杷栽培以西班牙产量最高，年产 4 万吨左右；其次为巴基斯坦，年产 3 万吨左右；土耳其和日本，年产 1 万 ~ 2 万吨，其他年产量在 1 千吨以上的国家还有摩落哥、意大利、以色列、希腊、巴西、葡萄牙、智利和埃及等。

在市场经济和科技进步的推动下，我国枇杷生产已成为各地发展农村经济、农民致富、繁荣市场和出口创汇的一条重要门路，近年来，枇杷生产得到迅速发展。据粗略统计，2018 年全国枇杷栽培面积已超过 13 万公顷，比 20 世纪 50 年代（约 1333 公顷）增长 100 倍；总产 65 万吨，比 50 年代（约 0.5 万吨）增长 130 倍。其中以四川、福建、广西、浙江和重庆等省区发展最快。2017 年，四川省枇杷栽培面积 5.16 万公顷，产量 23.2 万吨，面积、产量均居全国首位。福建则位居其次，面积约 2.51 万公顷，产量 9.49 万吨左右。浙江位居第三，面积约 0.95 万公顷，产量 5.7 万吨左右。

第一节 品种特性

枇杷依果肉颜色的划分可以分为红肉枇杷和白肉枇杷。

（一）红肉枇杷（红沙）

果肉橙黄至橙红色，肉质致密，风味浓郁，味酸甜，果皮较厚，较耐贮运。适合鲜食，也适合加工。树势中等或偏强，抗逆性强，容易栽培，成熟期较集中。常见的枇杷品种有：大五星、大红袍、解放钟、早红 1 号、早红 3 号、龙泉 1 号、单边种、洛阳青、红灯笼、光荣、梅花霞、华宝 3 号等。

（二）白沙枇杷

果肉乳白色或淡黄色，该类枇杷属于我国特有的种质资源。肉质细腻、汁多、味甜，适于鲜食，果皮较薄、不耐贮运。树势多中等或偏弱，抗逆性较弱。常见的品种有：照种白沙、软条白沙、白玉、白梨、乌躬白青种、宁海白、白晶 1 号、白花等；

第二节 建园技术

一、园地区划

（一）园地选择

枇杷容易遭受冻害，宜种植于 1 月份极端最低温度不低于 –5℃、年平均气温 23℃以下的区域，宜在坡度 30° 以下的山地、丘陵、缓坡或平地建园，冬季有霜冻的地区不宜在风口、北坡、西北坡建园。土壤条件宜选择土层深厚、土质疏松、不易积水且地下水位低于地面 1 米以上的排水良好的壤土、砂壤土或砾质壤土。

（二）小区规划

枇杷是一个经济寿命较长的多年生常绿果树，一经定植，在适应的果园环境条件下生长结果可达几十年。在建园之前，必须根据枇杷的生长发育特性及其对生长环境条件的要求，对果园进行全面、细致地勘测调查和科学规划。枇杷果园可根据地形、交通、水利等分为若干生产区和生产小区，1 个生产区包含 5 ~ 7 个生产小区，每个生产小区面积以 0.4 ~ 0.6 公顷为宜。

（三）道路规划

在果园规划中应把道路规划列入重点，每个生产区间设置干道、生产区间道及生产小区间便道。干道坡度在 5° 以下，路面宽 6 ~ 8 米，位置要适中，通达全园连接公路，路基坚实，可通行大型机动车。生产区间道路面宽 4 ~ 6 米，沟通干道，通小型农机具，方便手扶拖拉机、农耕机进园操作。在果园生产小区建立通向生产小区间便道，路宽 1 ~ 2 米，为园内人力车辆运输、活动的道路。平地或 5° 以下坡地的果园将生产小区内局部高低不平的地块推平；5° ~ 1° 坡地果园应筑等高台地，上下台地高差 0.6 ~ 0.8 米，台高应向内侧倾角 2° 左右；10° ~ 25° 坡地果园应筑等高梯田，梯田面宽 3.0 米以上，外缘设拦水土埂，内缘设竹节沟与排水纵沟相连。

（四）排灌设施

平地果园四周和生产区间挖深、宽各 1 米的排洪沟，生产小区内设 0.6 ~ 0.7 米宽、0.6 米深的排水沟，并与排洪沟相连。山地枇杷果园的排灌设置，包括排洪沟、排水沟、蓄水设施等几个方面。这些排灌设施是确保果树生长良好、丰产稳产、果实高质的重要措施。

1. 排洪沟

在大山坡下部建园时，为了防止山水冲入园内，应在果园最上部掘一条深而宽的排洪沟，把山水引入通向山下的排水沟，一般要求沟深宽各 1 米。

2. 排水沟

可根据地形设置几条排水沟，设在干道和区间便道两侧，一般沟宽 0.6 ~ 0.7 米、沟深 0.5 米，为缓和水势，应开成梯形排水沟，每级沟内深外高，以缓和水势和阻止水土流失。平地果园必须高标准建好排水系统，努力降低地下水位，否则地下水位高，排水通气不良，枇杷极易烂根死亡，寿命很短。有条件的地方，可采用塑料管、瓦管或卵石等做成暗沟或半暗沟，形成地下排水系统，将地下水位降低到最少 50 厘米以下。近年亦推广起垄栽培，即将拟建园全园耕翻，深度 20 厘米以上，按定植行把耕翻的松土培成高度 30 ~ 40 厘米的高垄，直接在高垄上栽苗，并在垄间耕翻层以下开深度 30 厘米左右的排水沟，建成深沟高畦。

3. 蓄水设施

有条件的地方选择水源丰富的适当地形修建小水库和小水塘等蓄水设施，以便抗旱、喷药、施肥等。若能建立喷灌或滴灌系统，则更为理想。

二、园地整理

枇杷果园多数建在丘陵山地，该地区红壤广泛分布，土壤呈酸性，土质贫瘠，理化性状较差，有机质分解快。要改善红壤的理化性状，应采取如下改良措施。

1. 水土保持

做好梯田、鱼鳞坑、蓄水池等水土保持工作。

2. 增施有机肥

红壤土质瘠薄，主要是缺乏有机质，增施农家肥等有机肥可改良红壤理化性质，提高果园有机质含量。有机农家肥料可就地取材，如各种玉米秆、稻草、绿叶嫩枝等植物秸秆等，也可以施用菜枯、菌渣、饼肥等；提倡果园种植绿肥植物，主要有肥田萝卜、豌豆、紫云英、苕子、黄花苜蓿、猪屎豆、胡枝子、紫穗槐、毛蔓豆、蝴蝶豆、葛藤等。

3. 施用磷肥和石灰

目前多用微碱性的钙镁磷肥，可集中施在定植沟、穴中，如配合施用氮肥，不仅可补充红壤的氮含量，更可促进磷肥发挥作用，红壤施用石灰可中和土壤酸性，改善土壤理化性状，加强有益微生物活动。

三、定植

（一）定植时间

枇杷果苗定植时间，一年中以春秋两季为宜，但秋季定植为最佳期。10 ~ 11 月上旬定植，可以充分利用此期间较暖和的气候，使果苗根系生长，定植后到翌年春季即可发出新根；也可以选择春季 2 月份，春梢萌动前定植，过迟定植会影响春梢抽生。

（二）定植密度

新建的枇杷果园定植密度应选择株距 3.5 ~ 4.5 米、行距 4.5 ~ 5.0 米，每亩种 29 ~ 42 株，根据规划好的株行距拉线确定种植地点。枇杷果园种植行向，目前南方枇杷产区多采用南北方向。土层深厚、土质肥沃、质地疏松的园地易长成大树，株行距离宜大；土壤瘠薄、地下水位高的园地，树形较小，宜适当密植。

（三）定植方法

1. 定点挖穴

平地建园或山地建园定植枇杷果苗时，必须整地，清除杂草、灌木、树兜，机械翻耕耙平，均应按规划要求测量出栽植点。然后在测好的定植点上挖栽植穴，将表土和底土分别放置，挖掘栽植穴可用人工挖穴，也可用挖坑机进行挖掘。定植穴挖深 0.8 米、直径 1 米。在土壤黏重、排水不良的地方，挖定植穴易造成渍水烂根，以开定植沟（抽槽）为好，把降低地下水位放在突出位置，多采用深沟高畦或起垄、筑墩栽植。定植沟与排水沟或梯田两端相通，沟深宽一般为 1 米左右。定植穴回填时先将细小的作物秸秆、绿叶嫩枝以及鲜杂草、石灰与表土分层回填至穴的 4/5 左右，然后再将农家肥（菜枯、饼肥等）15 ~ 20 千克、磷肥（酸性土壤加施钙镁磷肥，碱性土壤加施过磷酸钙）1 千克与土混合填至高出地面 10 ~ 20 厘米，再将碎土盖面 10 厘米，土盘应比地面高出 20 ~ 30 厘米，在定植前 1 ~ 2 个月完成。

2. 栽植技术

枇杷苗木宜选用营养袋（杯）苗、土团 2 ~ 3 千克，嫁接口愈合良好，生长健壮，根系完整，无病虫害，接穗部分高度在 30 厘米，直径 0.7 厘米以上的嫁接苗。种植苗木时在定植土盘正上方挖好定植穴，将苗木垂直种入，使根系均匀分布在穴底，同时进行前后、左右对正，校准位置，使根系舒展，然后回土压实，盖上少量细土，并随时将苗木稍稍上下提动，使根系与土壤密接，使根颈低于树盘地面 2 ~ 3 厘米。种植完毕立即淋足定根水，在树周围做一直径约为 1 米的树盘，用草覆盖树盘，植后 10 天内遇晴天应隔 3 天淋水 1 次。

3. 栽植要点

（1）枇杷幼苗不能栽得太深，要使土壤下沉后，苗木接穗与砧木接合部位露出地面，如果栽得太深，不仅生长受影响，而且容易感染烂脚病。

（2）栽苗时一定要使根理直舒展，不能弯曲，尽量保护苗根，对于受伤严重的苗根应作适当修剪，以免栽后烂根，影响生长。

（3）除有自花受精不良品种外，要做到分品种栽植。

（4）将苗木栽正栽直，在有大风的地方，栽苗后要插立支柱。

第三节 土肥水管理技术

一、土壤管理

（一）扩穴改土

枇杷定植次年开始，对定植穴外围的深层土壤逐年进行改良。一般结合施基肥在秋季进行，在树冠两侧滴水线处各挖 1 个穴长 1 米、宽 0.5 米、深 0.5 米的条沟，每年轮换方位。开沟时表土与心土分开堆放，回填时表土与肥料混合均匀填入沟下部，心土与肥料混合均匀填入沟上部。每株先放秸秆、杂草等绿肥 10 ~ 20 千克、石灰 1 ~ 1.5 千克，再回填表土 5 ~ 8 厘米，最后放土杂肥、畜生粪 20 ~ 30 千克或腐熟菜枯肥、鸡粪 5 ~ 8 千克、磷肥 1 千克，再将心土盖成高出地面 15 ~ 20 厘米的土盘。

（二）行间管理

除树盘外，在果园行间空地种禾本科、豆科等绿肥植物称之为生草法，生草法在土壤水分条件较好的果园可以采用。常用的草种有三叶草、紫云英、黄豆、苕子、草木樨、酢浆草等。生草法在行间草高达 40 厘米以上时，采用机器割草 1 次，草头留 3 ~ 5 厘米高。覆草法是在树冠下或稍远处覆以杂草、秸秆等，一般覆草厚度约 10 厘米，覆草后逐年腐烂减少，要不断补充新草，平地或山地果园均可采用。在夏梢延长枝生长期和秋旱前用薄膜、秸秆、杂草或稻草覆盖树盘。地膜覆盖是近年来国内外作物土壤管理的一项新技术，它能够提高枇杷坐果率和果实品质，具有很高的经济效益。春季、夏季使用能够有效地抑制杂草，降低果园管理成本，也能控制土壤含水量，避免水土流失；冬季使用能够提高地温。

二、施肥管理

（一）幼年树施肥

枇杷幼年树因根量少，根在土壤中分布浅，扩展慢，此期间的施肥原则应是“薄肥勤施”，施肥养根，用肥引根，促进根系的发展。幼年树全年每株施腐熟稀人畜粪或沼液 20～30 千克、尿素 0.3～0.6 千克、氯化钾 0.2～0.4 千克，要求 3～5 月每隔 10 天施肥 1 次。施肥的方法是将肥料溶于水后施入或开浅沟施入，也可与腐熟人畜粪尿或沼气液渣配合施入。

（二）成年树的施肥

1. 壮果肥

枇杷果树追施壮果肥应在 3～4 月份谢花后果实迅速膨大前施入。全部用速效性复合肥料，施用量应占全年施肥总量的 10%～20%，除氮肥外，还应特别注意追肥磷钾肥，促进春梢抽发充实和幼果膨大。将复合肥撒施于根际土表，并轻度耕锄，经由雨水或浇水侵入土中，或将肥料溶于水，而后浇入根际即可。追施壮果肥的同时增加 2～3 次根外叶面喷肥，供幼果膨大需要，提高当年鲜果产量和果实品质。

2. 采果肥

在 5～6 月份采果前后施入，结合扩穴改土进行。要以有机质肥为主，充分施入厩肥、粪肥、鱼肥、饼肥、沼渣、生活垃圾及作物茎秆等，并加入适量钙镁肥，供给树体所需的大量元素和微量元素，用量占全年施肥量的 50%～60%。

3. 花前肥

枇杷施用花前肥是在 9～10 月份，此期正值花穗开始抽出（即开花之前），尽管树体内积累了一定的营养，但仍不能满足这时生殖生长对营养的要求，所以必须适当补充复合肥和钾肥。施肥量占全年施肥总量的 20%～30%，一般成年树每株施入复合肥 2～4 千克。

三、水分管理

在 1 ~ 2 月幼果发育期、6 月夏梢生长后期、10 ~ 11 月形成花穗期应及时灌水。4 ~ 6 月正处于梅雨季节，降水量相对集中，枇杷果园极易渍水，发生涝害，雨天应及时排水，避免果园积水。

第四节　主要病虫害防控技术

一、灰斑病

（一）为害症状

主要为害枇杷树的叶片。病原菌为盘多毛孢（属半知菌），病菌侵染幼芽、嫩叶、老叶、枝条、花蕾、果实。是目前为害枇杷产量、品质最重的病害。嫩叶被害初期呈黄褐色小斑点，后转紫黑色，由几个病斑融合扩大，叶片卷曲凋萎。花朵受害，花蕊由褐色变干枯。幼果受害产生紫褐色病斑，后期凹陷，散生黑色小点，严重时果肉软化腐烂。老叶受害出现黄褐色斑点，继而逐渐扩大连成大病斑，叶片中央呈灰白色或灰黄色。

（二）发生规律

枇杷灰斑病的病原都是半知菌，在温暖多湿的环境中容易发病，病菌生长适温为 24℃ ~ 28℃，温度高于 32℃或低于 20℃时会受到抑制。1 年中多次侵染，多雨季节是斑点病的盛发时期。我国长江中下游枇杷产区，3 月中下旬到 7 月中下旬、9 月上旬到 10 月底，都是灰斑病迅速蔓延发展期。梅雨季节，在土壤瘠薄、排水不良、管理不善的枇杷果园，树势不旺，生长较差，更易发病。干旱时灰斑病、角斑病易发。病菌一般是从嫩叶的气孔或果实的气孔（皮孔）及伤口侵入。因此，要注重果树发枝展叶后的保护。

（三）防控措施

（1）加强果园肥水管理，增强树势，提高果树对病害的抵抗力。

（2）修剪时疏去密枝，改善通风透光条件，降低内膛湿度。

（3）冬季结合清园，清除枯枝落叶、寄生杂草，减少病原。

（4）选择药剂防治：春、夏、秋各季枝梢萌发抽生展叶期用药。喷洒 0.3 ~ 0.4 波美度石硫合剂保护叶片，每隔 10 ~ 15 天喷 1 次，连续 2 ~ 3 次；70% 甲基托布津可湿性粉剂 800 ~ 1000 倍液、50% 多菌灵可湿粉剂 800 ~ 1000 倍液、30% 氧氯代铜 500 ~ 700 倍液，以上药剂交替使用，每次抽梢期喷 2 次，相隔半月喷 1 次。

二、污叶病

（一）为害症状

污叶病又名煤霉病、煤污病，是主要为害叶背的一种常见病。发病初期在叶背出现暗褐小点，病斑不规则，后成煤烟色粉状绒层，小病斑连合成大病块。严重时全树大部分叶片均发病，很快发展到全园果树叶片。

（二）发生规律

病原菌是枇杷刀孢真菌（属半知菌亚门），病菌以分生孢子在叶片上越冬，翌年从春季到晚秋都会发病，以 8 ~ 12 月份为发病盛期。地势低洼、排水不良、树冠郁闭、树势衰弱的果园易发病。

（三）防控措施

（1）果园地要选择在向阳处，加强肥水管理，增施磷、钾肥，提高果树抗病力，合理剪修树枝，使果树内膛阳光充足。

（2）经常清除园内病叶枯枝和寄生杂草，集中烧毁，减少病原菌传播。

（3）选择药剂防治：0.5% ~ 0.6% 等量式波尔多液、大生 M-45（600 ~ 700 倍液）、77% 可杀得 600 ~ 800 倍液、50% 多菌灵可湿性粉剂 500 ~ 600 倍液。

三、根茎腐烂病

（一）为害症状

根茎腐烂病又称枝干腐烂病、烂脚病。该病在部分地区是枇杷发病率较高、威胁较大的病害，尤其在管理粗放的枇杷园发生更甚。轻则造成树势减弱，重则叶落枝枯，甚至全树死亡。发病可分为根颈、主干、侧枝三个部位，尤以嫁接部位和主干接近地面部分更易患病。

（二）发生规律

初发病时树韧皮部变褐，病斑不规则，逐渐扩大，较重时，根颈四周均发病，蔓延至树干、主枝上。该病发生时，湿度很高，病部容易寄生腐生菌，故往往有软腐和流胶。稍干燥时，树皮龟裂起翘。土壤瘠薄、排水不良、土壤含水量高、过于潮湿、树体衰弱的果园，容易患病。

（三）防控措施

（1）清沟排水，降低地下水位，改善园内通风透光条件，增强树势，这是最根本的措施。同时注意苗木切勿栽种过深，并要及时烧毁病虫枯枝叶。

（2）发病后及时将病斑刮净，并把刮下的树皮碎屑收集烧毁，然后涂抹 50% 的托布津 50 倍液或培福福朗 25% 乳剂 100 倍液，再涂保护剂保护伤口。病部面积较大、软腐严重，削除病斑有困难时，可在树皮上用利刀纵划，深达木质部，每隔 2 厘米左右划一道，然后涂 1∶15 的浓碱水，亦有良好效果。

四、黄毛虫

（一）为害症状

枇杷黄毛虫为枇杷的专食性害虫，属瘤蛾科，遍及我国枇杷产区。主要为害叶片，亦食害枝梢韧皮部和果实。1 ~ 2 龄幼虫在叶背食害嫩叶叶肉，剩下表皮和茸毛，形成黄白色松泡状，吃空嫩叶后继续吃老叶，将叶吃成孔洞或缺刻，最后仅留叶脉严重影响树势，甚至吃光叶片只剩下光秃的枝干，造成全株死亡。在叶被食尽后，还会吃掉花蕾，啃食枝梢韧皮部、果实的外果皮，造成无叶、无花、无果的惨景。

（二）发生规律

成虫体长 10 毫米左右，展翅 23 毫米左右，颜色和树皮相近，早晚活动多，白天倒贴在枇杷树的主干、主枝上，多数距地面 50 ~ 300 厘米高，不甚活动，趋光性弱。幼虫初时为淡黄色，后变黄绿色，老熟幼虫体长 20 ~ 23 毫米，头部褐色，胸腹部黄色，腹足 3 对，尾足 1 对，胴部第 2 ~ 11 节每节生有毛瘤 3 对。越冬代幼虫多在树干基部或近旁灌木丛中结茧化蛹。发生高峰期多与抽梢时期一致，以 5 ~ 9 月最甚。

（三）防控措施

（1）利用其成虫白天不活动贴在枇杷树的主干、主枝上的特性，人工捕杀。利用初孵幼虫群集为害的特性，及早人工捕杀，摘除虫叶。

（2）冬季清园时用细竹刷将树干基部的虫茧扫入容器内，烧毁。

（3）每代幼虫的幼龄期可选择喷布下列药剂之一，2.5% 溴氰菊酯 4000 ~ 50000 倍液、20% 杀灭菊酯 4000 ~ 5000 倍液、Bt 乳剂 500 ~ 1000 倍液。

五、舟形毛虫

（一）为害症状

舟形毛虫又名苹果舟蛾、枇杷天社蛾、枇杷舟蛾等，属鳞翅目，舟蛾科。分布广，寄主广泛，多数核果、仁果类果树以及月季、红叶李、青栎等林木均受害。幼虫取食叶片，受害叶残缺不全或仅剩叶脉，严重时可将全树叶片吃光。

（二）发生规律

每年发生 1 ~ 3 代，以蛹在树干附近土中越冬。翌年 4 ~ 5 月羽化，成虫产卵在叶背，有 10 ~ 100 粒密集成块，孵化后幼虫群集为害，幼虫老熟后沿树干向下爬或吐丝坠落入土化蛹。幼虫早晚、夜间或阴天取食，白天静伏，头尾翘起如舟状，幼虫期约 30 天，开始将叶片食成纱网状，4 龄后食量剧增，常将整株叶片吃光后再转株为害，9 月下旬到 10 月上旬老熟幼虫沿树干下行，或吐丝下垂入土化蛹越冬。

（三）防控措施

（1）结合秋季果园深翻，消灭土壤中的越冬蛹。成虫羽化时，利用成虫的趋光特性，在果园内设置黑光灯诱杀成虫。

（2）成虫为害初期，在 3 龄前趁群集为害之际，人工摇树震落幼虫到地上，将其杀灭。

（3）药杀：在虫情大发生时，用 50% 敌百虫乳油 1000 倍液或 10% 氯氰菊酯乳油 2000 ~ 3000 倍液防治。

六、黄毒蛾

（一）为害症状

毒蛾别名桑斑褐毒蛾、纹白毒蛾、桑毒蛾、黄尾毒蛾、桑毛虫，国内分布于华中、华南和西南地区，寄主有枇杷、柑橘、梨、刺槐、枫、玉米、棉花等多种农林作物。幼虫为害枇杷叶片造成缺刻，也蛀害花穗及幼果。

（二）发生规律

每年发生 4 代，以 3 龄以上幼虫在树叶上越冬，翌年 3 月下旬开始结茧化蛹，4 月中旬羽化。卵多产在老叶背面，初孵幼虫群集在叶背取食叶肉，2 ~ 3 龄后分散为害蛀果的多为高龄幼虫，通常先啃食果皮，后蛀入果内取食，能多次转果为害。幼果被害后成畸形，蛀孔外形成许多黑色疤痕，成熟果被蛀后腐烂不堪食用。幼虫共 5 龄，少数 4 龄。

（三）防控措施

（1）做好冬季预防工作，冬季枇杷园刮净老树皮，剪掉锯口附近粗皮，消灭越冬幼虫。

（2）毒蛾发生严重的枇杷园，应从人工摘除卵块入手，及时摘除“窝头毛虫”，即在低龄幼虫集中为害一叶时，连续摘除 2 ~ 3 次，可收事半功倍之效。

（3）药杀：在虫情大发生时，用 50% 敌百虫乳油 1000 倍液或 10% 氯氰菊酯乳油 2000 ~ 3000 倍液防治。

七、蓑蛾

（一）为害症状

蓑蛾食性很杂，为害多种果树。蓑蛾为害枇杷树主要是以幼虫啃食叶片为主，严重时全部叶片被食尽，大蓑蛾初龄幼虫取食叶肉，残留表皮。幼虫长大后将叶片啃成孔洞或缺刻，最后吃光全叶。小蓑蛾也是为害叶片和取食嫩枝皮，先食叶肉，后啃叶片，仅剩叶脉，由于蓑蛾数量多、食量大，暴发时常把全树叶片吃光后转移到其他果树上继续为害。

（二）发生规律

蓑蛾每年发生 1 代，以老熟幼虫在护囊内越冬，每只雌蛾可产 3000 多粒卵，6 月底到 7 月初为孵化盛期。孵化后幼虫爬出护囊，吐丝下垂，随风飘移。然后沿丝附着树上，咬碎叶片做成新护囊。1 ~ 3 龄幼虫取食叶肉，使叶片呈半透明状斑块，后穿孔或缺刻，最后叶片只剩下叶脉。5 龄后护囊做成较厚的丝质，11 月间幼虫停食封囊越冬。蓑蛾在干旱年份最猖獗，为害成灾。小蓑蛾 1 年发生 1 代，以幼虫越冬，翌年 3 月开始活动，6 月中下旬幼虫化蛹，成虫 7 月上旬出现。每只雌虫可产 2000 ~ 3000 粒卵，产出的卵经过 7 天左右孵化，幼虫从护囊爬出，吐丝下垂，随风飘散到各处，啃食枇杷叶肉，吐丝缀枝聚叶，营造新的护囊。

（三）防控措施

（1）人工摘除护囊，杀灭大龄幼虫和雌成虫。

（2）保护天敌：小蜂科的费氏大腿蜂、粗腿小蜂，姬蜂科的白蚕姬蜂、黄姬蜂、蓑蛾虫姬蜂及寄生蝇等。这些天敌对控制蓑蛾类害虫能发挥最大的作用。

（3）药剂防治：在蓑蛾幼虫未做护囊前用 20% 杀灭菊酯 4000 ~ 5000 倍液、2.5% 嗅氰菊酯 3000 倍液，或在 7 ~ 8 月份幼虫未做护囊时，喷 90% 敌百虫 800 倍液。

八、刺蛾

（一）为害症状

刺蛾俗称火辣子、八角丁，为害枇杷的刺蛾主要有扁刺蛾、黄刺蛾等。幼虫取食叶片，严重时整树叶片被食光。

（二）发生规律

长江下游地区每年发生 2 代，以老熟幼虫在树干和枝杈处结茧越冬。越冬幼虫 5 月中下旬开始化蛹，6 月上中旬成虫羽化。第一代幼虫为害盛期在

6月下旬到7月中旬，7月下旬开始结茧化蛹，成虫发生于8月下旬。第二代幼虫为害盛期在8月下旬到9月中旬，9月下旬幼虫陆续在枝干上结茧越冬。第一代幼虫结的茧小而薄，第二代结的茧大而厚。成虫白天潜伏在叶背，夜间活动，有趋光性。卵产于叶近末端背面，散生或数粒在一起，每次产卵49～67粒。卵期5～6天，成虫寿命4～7天。卵多在白天孵化，初孵幼虫先取食卵壳，后在叶背啃食叶肉呈筛状，长大后蚕食叶片。幼虫共7龄，历期22～33天。天敌有大腿蜂、朝鲜紫姬蜂、上海青蜂、刺蛾广肩小蜂、胡蜂和螳螂等。

（三）防控措施

（1）结合秋季果园深翻，消灭土壤中的虫茧，减少虫源；

（2）药剂防治：用2.5%的高效氯氰菊酯乳油2000～3000倍液或40%的毒死蜱1000倍液防治。

第五节　栽培管理年历表

表3–1　枇杷栽培管理年历表

月份	物候期	主要技术工作
11～1月	开花期	（1）疏花穗：幼树定植前2年，为了尽快形成树冠骨架，应将全树花穗一律疏除。结果树花穗过多时，可疏除树冠上部骨干枝上的长梢和弱枝上的花穗，将新梢和花穗的比例保持在2：1或1：2为宜。 （2）疏花蕾：枇杷顶枝形成的花穗大，花量多，应将花穗上过多的支轴及花蕾除去。一般花穗小的品种保存中部2～3个支轴，除去基部支轴及顶轴；花穗大的品种留下部2～3个支轴，把上部支轴全部除去。疏花穗、花蕾的时间为10月中旬到12月下旬。 （3）病虫防治：花期全园喷1次阿维菌素800倍液+唑螨酯2500倍液+仙生600倍液+0.3%硼砂+0.2%磷酸二氢钾+0.3%尿素，8～10天后再喷1次果圣1200倍液+20%灭幼尿1600倍液+大生600～800倍液+ 0.3%硼砂+0.2%磷酸二氢钾+0.3%尿素，以防治枇杷的灰霉病、炭疽病、叶斑病、黄毛虫、红黄蜘蛛、蓟马等。 （4）防寒：12月下旬全园打1次15%多效唑可湿性粉剂500倍液，以提高枇杷防寒越冬能力。

续表 1

月份	物候期	主要技术工作
2月	幼果膨大期、春梢抽发期	（1）春梢肥：于春梢抽发前施入，株施人畜粪20～25千克+尿素200克+磷酸二氢钾300克，以促进幼果膨大，减少落果，充实春梢生长，其施肥量约占全年用肥量的20%～30%。 （2）疏果：可疏除冻害果、病虫果，再疏密生果。原则是：壮树和果形小的品种多留，弱树和果形大的品种少留。一般大果每穗留2～3个，中果每穗留3～5个，小果每穗留5～8个。
3月	幼果膨大期、春梢抽发期	（1）排灌水：理通园地四周及行间的排水沟，以便雨季能及时排除；干旱时要及时灌水，以确保枇杷果实膨大及枝梢生长的需要。 （2）套袋：套袋前，全园喷1次唑螨酯2500倍液+吡虫啉3000倍液+仙生600倍液+0.3%的尿素+0.2%的磷酸二氢钾，以防治病虫害。同时用专用纸袋或用牛皮纸、报纸等制作袋子。袋子宜大，果面不接触袋壁，要求大果形品种一果一袋，小果形品种一穗一袋。袋口拴紧，从上到下、由里到外进行操作。力争在3月底前完成。 （3）苗木定植：要求定植前一月深翻改土，分层施入有机肥，定植后要及时浇灌定植水，剪去每片枇杷叶的1/3～2/3，以减少蒸发，提高成活率。
4月	幼果膨大期、春梢抽发期	（1）施1次壮果肥：于4月上旬施入，株施人畜粪20～25千克+过磷酸钙300克+磷酸二氢钾300克，以促进果实膨大，提高产量与果实品质。于树冠滴水处开沟施入。 （2）继续苗木定植。 （3）中耕除草：对枇杷全园进行1次中耕除草，要求树盘内浅耕，树盘外深耕，清除园内杂草，增强土壤的通气性和透气性，促进根系的生长发育。

续表 2

月份	物候期	主要技术工作
5月	果实成熟期、夏梢抽发期	（1）重施采果肥：因为枇杷的夏梢是优良的结果母枝，故合理且及时的肥水管理，培养大量的枇杷健壮夏梢，是确保枇杷年年优质丰产的关键。要求株施人畜粪25～30千克+碳酸氢铵200～250克+油饼250～500克+过磷酸钙300克，以迅速恢复树势，促进夏梢抽发整齐、健壮，促进花芽分化。 （2）整形：树形主要采用主干分层形，主干高10～60厘米，层数2～3层，层间距15～80厘米，第一层主枝3～4个，第二层与第一层相同，第三层2个主枝，全树共8～10个主枝。各主枝培养副主枝2～3个。 （3）修剪：以轻剪为主，剪除扰乱正常树形的强旺枝、穿膛枝、密生枝、纤弱枝、交叉枝、病虫枝。同时对下垂枝及衰弱性结果枝组进行回缩短截，更新复壮。 （4）病虫防治：全园喷1次果圣1200倍液+敌杀死2500～3000倍液，以防治黄毛虫、红黄蜘蛛，保叶、壮树。
6月	夏梢抽发期	（1）对幼旺树的处理：由于枇杷前期营养生长特别旺，树冠形成快，到了该结果时不结果，针对枇杷幼旺树成花难，坐果率低等问题，可采用撑、拉、吊，以及环割、环剥等技术，以促进花芽分化，提早开花结果（环割部位在主枝距主干10～15厘米处，环割1～2圈）。 （2）继续整形和修剪。 （3）药剂防治：全园喷1次8%阿维菌素600倍液+20%灭幼尿1600倍液，以防治蚜虫、黄毛虫、红黄蜘蛛等。 （4）注意枇杷园田间的排水与灌水。
7月	秋梢抽发期、花芽分化期	（1）整形：继续进行撑、拉、吊，以增大枝梢的开张角度，使树体枝梢分布均匀，通风透光，减少病虫为害。 （2）促进花芽分化：于夏梢成熟后7月上旬，全园喷1次15%多效唑可湿性粉剂500倍液，间隔20天1次，连喷2～3次，以促进花芽分化。 （3）理通排水系统：继续注意枇杷园四周及行间排水沟的畅通，达到雨季能排、干旱能灌的目的。

续表 3

月份	物候期	主要技术工作
8月	秋梢抽发期、花芽分化期	（1）继续整形修剪。 （2）病虫防治：全园喷1次阿维菌素800倍液，以防治蚜虫、黄毛虫、梨小食心虫等。在病虫害防控上采用“生物防治、物理防治”，提倡果园内使用黄板、蓝板、杀虫灯、捕食螨等一系列绿色防控技术，提高果品质量、品质，达到优质、安全、卫生的目的。杜绝使用高毒、高残留农药。
9~10月	现蕾期	（1）施促花肥：于9~10月枇杷开花前施入，以满足枇杷开花结果的需要，提高枇杷幼果的防寒越冬能力。要求株施人畜粪20~25千克+过磷酸钙300克+磷酸二氢钾200克。 （2）中耕除草：要求对枇杷全园进行1次中耕除草，树盘内浅耕，树盘外深耕，清除园内杂草，增加土壤的通透性，促进根系的生长发育。 （3）改土：在枇树行间进行深翻改土，分层压入作物稿秆、绿肥及有机肥，改良土壤的团粒结构，为枇杷的早结、丰产创造条件。 （4）苗木定植：要求苗木定植前1个月进行整地作厢，深翻改土，分层压入有机肥，定植后及时浇灌定根水，剪去每片枇杷叶的1/3~2/3，同时用杂草或地膜将树盘覆盖，以减少蒸发，达到保温、保湿的目的，提高成活率。 （5）疏花穗和疏花蕾（详见11~1月）。 （6）药剂防治：开花前用8%阿维菌素600倍液+70%甲基硫菌灵2000倍液，防治红黄蜘蛛、蚜虫、灰霉病、叶斑病、梨小食心虫等。

第四章 番木瓜栽培管理实用技术

/ 魏岳文　卢晓鹏　韩　健　陈　鹏

番木瓜，又称木瓜、乳瓜、万寿果，为番木瓜科、番木瓜属的一种多年生常绿大型草本植物，与香蕉、菠萝并称为热带三大草本果树。番木瓜原产于墨西哥南部和中美洲地区，广泛分布于世界热带和亚热带地区。17 世纪从西印度群岛传入我国，已有 300 多年的栽培历史，在广东、海南、广西、云南，台湾、福建等省区都有栽培。世界番木瓜主产国有巴西、墨西哥、秘鲁、委内瑞拉、哥伦比亚和古巴等，亚洲为番木瓜第二大产区，主产国为印度、印度尼西亚、菲律宾和泰国等。据 FAO 统计，世界番木瓜种植面积约 700 万亩，产量 1300 万吨。我国番木瓜种植面积约 20 万亩（其中广东约 5 万亩，海南约 5 万亩，广西约 5 万亩，云南约 4 万亩，福建约 1 万亩），产量约 100 万吨。

番木瓜被世界卫生组织列为最有营养价值的十大水果之首，有“百益果王”“万寿果”之称，是我国热带、亚热带地区广泛栽培的“岭南四大名果”之一，具有重要的食用和工业价值。番木瓜是一种果用、菜用、药用兼优的果品。果用型番木瓜成熟果实含有丰富的维生素 A（菠萝的 20 倍）、维生素 C（苹果的 48 倍）、糖分和钙，含钾量比大部分水果都高。根据水果所含维生素、矿物质、纤维素以及热量等指标综合评定，确定营养最佳的十种水果中，番木瓜排在首位。番木瓜含丰富的木瓜酵素、木瓜蛋白酶、凝乳蛋白酶、凝乳酶，帮助分解肉食，减低胃肠的负担，帮助消化，并有一定的通乳功效；含丰富的番木瓜碱，具有抗肿瘤的功效，能抑制致癌物质亚硝胺的合成，对淋巴性白血病细胞具有强烈抗癌活性。未成熟果实可做菜用，炒食、做汤、糖渍、醋渍等，风味各异。与肉同煮，能使肉质细嫩可口，有助于消化吸收。番木瓜所有绿色部分均可入药，现广泛用于治疗痛风。加工用则可用于制作蜜饯、果脯、果酱和果汁等。工业上可用于生产化妆品等，含番木瓜蛋白酶的化妆品有清洁皮肤色斑、抗皱纹的作用，并能抑制粉刺的产生。

从世界番木瓜产业的发展形势来看，番木瓜生产前景可观，产业规模越来越大。目前，番木瓜是世界上产量增幅最大的热带水果，年增长率达 4%，已成为第四大热带、亚热带畅销水果。国内消费市场主要集中在产区周边以及经济较发达的长江三角洲、北京等地，而中西部消费市场整体仍有待开拓。随着我国人民生活水平不断提高，人们对风味独特、营养丰富的番木瓜的认可程度越来越高，消费市场仍有巨大的开发空间和潜力。番木瓜在我国南方地区有大面积种植，具有较高的经济价值和社会效益，是当前发展热带高效农业和产业结构调整的重要项目之一。

第一节　品种特性及对环境条件的要求

一、对环境条件的要求

（一）温度

番木瓜是热带果树，喜炎热气候，整个生长发育过程都需要较高的温度，最适于在年平均温度 22℃～25℃的地区种植。生长适温为 25℃～32℃，生长起始温度 16℃，低于 10℃时基本停止生长，低于 5℃幼嫩器官出现寒害，0℃时叶片即受冻害，植株枯萎死亡。

温度除了直接影响植株的生长、发育和生存外，也是花性变化和果实品质的主要影响因素。高于 35℃开始影响花的发育，导致花性严重趋雄，引起大量落花落果，造成间断性结果。若果实发育全程处于较高温度的条件下，如 5 ~ 7 月开花、9 ~ 11 月成熟的果实，其糖分含量高，风味好，品质最佳。若果实发育中后期处于低温条件下，如 9 ~ 10 月开花，翌年 3 ~ 4 月收获的果实，果肉质地偏硬，味淡，有苦味，品质最差。若果实发育前期处于低温条件下，而中后期处于较高温度条件下，如 11 月开花，翌年 5 ~ 6 月成熟的果实，其果肉尚能软化，糖分含量较高，品质较好。

（二）水分

番木瓜生长发育需要充足均匀的水分，土壤湿润而不积水是高产、优质的保证。如果土壤水分不足，植株生长缓慢，茎干和叶片纤细，叶片黄化，寿命缩短，开花结果不良；严重缺水时会引起落叶、落花和落果。但因为番木瓜根系为肉质根，且浅生，具有好气性，土壤积水或地下水位过高时，短期会导致生长受抑制，叶片黄化脱落，长期则导致烂根、落花、落果，甚至植株死亡。

（三）土壤

番木瓜对土壤的适应性较强，在多种类型的土壤中都能生长。但要达到高产优质的目的，必须选择土质疏松、透气性好、地下水位较低、土层厚的砂质壤土，有机质含量丰富，pH 值在 6 ~ 6.5 最适宜。黏质土透气性差，灌水时易积水烂根，干燥时易开裂拉断根系，因此应增加有机质进行土壤改良。

（四）空气

番木瓜是一种对空气质量要求较高的植物。由于施肥不当产生氨气或由于空气污染物 SO_2、氟化氢、氮氧化物浓度超标，均会引起叶片的病变，表现为功能叶的叶缘和叶脉间出现白斑，严重时叶片干枯，而正在生长的嫩叶和老的叶片上不会发生，因此可与一般叶斑病区分开来。温室栽培时到了冬春季节要注意通风换气，避免有害气体积累伤害。要避免在温室内过量追施未完全腐熟的有机肥、氨态氮肥，熏硫黄和刷防腐漆，禁止在温室附近焚烧有害垃圾，避免在附近有污染源的温室中栽培等。

二、品种特性

（一）马来9号

小果型番木瓜新品系，耐番木瓜环斑花叶病，生长势强，产量高。果实长梨形、美观，单果重0.6～1.1千克，果肉鲜红色，清甜有香味，成熟果实可溶性固形物含量13%～16%，品质优。

（二）夏选1号

中果型番木瓜新品系，耐番木瓜环斑花叶病，较耐水浸，生长快、生势强，花性稳定，连续挂果性状好，早熟、高产稳产。果实梨形，单果重0.8～1.4千克，果肉红色，清甜有蜜香味，成熟果实可溶性固形物含量13%～15%，品质优。

（三）穗选

华农和番禺种子公司选育，小果型番木瓜新品系，抗番木瓜环斑花叶病，叶片厚、叶色浓绿，生长势强，产量高。果实长梨形，果顶部圆滑美观，单果重0.5～0.9千克，果肉红色，清甜有香味，成熟果实可溶性固形物含量13%～16%，品质优。

（四）白皮日升

台湾地区引进，小果型番木瓜新品种，耐番木瓜环斑花叶病，生长势强，连续挂果性状好，产量高。果实长梨形，单果重0.6～1.2千克，果肉红色，味道清甜，成熟果实可溶性固形物含量13%～15%，品质优。

（五）华农1号

小果型优质番木瓜新品种，抗番木瓜环斑花叶病，生长势强，坐果稳定，果实纺锤形、倒卵形。单果重0.5～0.8千克，果肉玫瑰红色，肉质嫩滑，硬度适中，味甜，可溶性固形物含量13%以上。产量稳定，可作多年生栽培。

（六）穗黄

中果型黄肉优质高产番木瓜新品种，抗番木瓜环斑花叶病，早蕾早花，花性稳定，坐果率高，果实长圆形。单果重0.8～1.3千克，果肉深橙黄色，肉质嫩滑，味甜清香，可溶性固形物含量12%～14%，品质佳。产量较高，可作多年生栽培，是果蔬兼具的品种。

（七）穗中红 48

广州市果树科学研究所于 1984 年杂交选育而成，具有矮秆、早熟、丰产、优质、花性较稳定等优点。其植株偏矮，茎干偏细，呈灰绿色（幼苗期呈红色）；叶片略小，缺刻较多而略深，色绿，叶端稍下垂，叶柄短，呈黄绿色。营养生长期短，从第 24 ~ 26 片叶期现蕾，花期早，坐果早，冬播春植的情况下，190 ~ 200 天开始采收，坐果部位较低，一般 40 ~ 48 厘米开始坐果。在高温干旱的条件下，两性株花性趋雄程度较轻，间断结果不明显，较稳产。两性果呈长圆形，雌性果椭圆形，平均单果重 1.1 至 1.5 千克，果肉橙黄色，肉质嫩滑，硬度适中，味甜清香，食后口感舒适。可溶性固形物约 12%，当年每亩平均产量 3500 ~ 4000 千克。果实大小中等，外形美观，风味品质好，丰产稳产，但耐寒性稍差，根系浅，易受台风为害。

（八）美中红

广州市果树科学研究所于 1996 年杂交选育而成的小果型品种。株高 153 ~ 156 厘米，茎粗 29 ~ 32 厘米，叶片数 70 ~ 74 片，主要结果株占 90% 以上。冬播春植的情况下，始蕾期在 5 月上旬，始收期在 9 月底至 10 月初，属中熟类型。群体的株性比较合理，花性稳定，两性株在高温期花性趋雄程度较轻，坐果较稳定。两性果呈纺锤形、倒卵形，雌性株连续挂果，雌性果呈圆形。单株年均产果 22 ~ 25 个，单果重 0.4 ~ 0.7 千克，果肉红色，肉质嫩滑，味道清甜，可溶性固形物 13% 以上，品质极佳，当年亩产量 2200 ~ 3000 千克。该品种植株较粗壮，适应性较强，较丰产，是适应市场鲜食需求的新品种。

第二节　建园技术

一、园地选择

选择背北东南向、北部有山丘防风，远离污染、易排灌的新园地，要求日照充足，土壤肥沃疏松、排水良好的砂壤土或中性土为佳。

二、园地整地

清除石头、杂物及周围的杂草等蚜虫源，挖松畦面，下足腐熟基肥（花生麸、鸡屎等），将基肥与土壤充分混均匀，然后覆一层厚 15 ~ 20 厘米的表土，将畦面整成龟背状，做成宽 100 ~ 120 厘米、高 20 ~ 30 厘米的畦，淋透水，覆盖地膜后即可定植。建园时要设计好排灌系统，低地平原应选地势较高的田块，深挖排水沟，以做到排灌迅速，使地下水经常保持在离地面 50 厘米以下。

三、大苗培育

番木瓜种子苗株性复杂，果实商品率低。组织培养苗是选用两性株侧芽通过组织培养技术繁育出的种苗，具有株性稳定、性状一致，全部为两性果，结果部位低，产量高、果实商品率高等优点。建议选择组培苗，可达到丰产高效的目的。

为了提早开花结果，保证果实的发育成熟时间，需采用大拱棚盖膜提早培育大苗，保证定植前具有 15 ~ 18 片叶，缩短定植后在大田的营养生长期，第二年可提前 15 ~ 30 天开花结果，确保当年种当年收和有效产量。在 10 月中下旬将组培苗从小营养杯移入大营养杯（直径 15 厘米，高 20 厘米），按 20 ~ 30 厘米的株距摆放。在管理上主要做好防寒、肥水管理、病虫害防治与炼苗工作。一般盖薄膜防寒，苗棚内适温为 20℃ ~ 25℃，不能高于 35℃和低于 4℃。当温度过高时，要把薄膜揭开通风，有寒潮及霜冻时不宜揭开薄膜，还应根据情况加盖稻草保温。育苗过程中注意保持土壤湿润，供水量随幼苗的长大而逐渐减小，避免幼苗徒长和病害发生。

四、定植

采取春植方式、斜种斜拉种植技术，削弱顶端生长优势，可使植株基部明显增粗，自然高度降低 50 ~ 60 厘米，提早开花结果，利于植株营养积累，提高花果质量，增强植株抗风性，并有利于田间管理和采收。定植适期在气温回升至15℃以上的3月中下旬，最好选择在回暖阴天时定植，避免降雨引起根系腐烂。采用宽行窄株方式栽植，株行距1.5×2.5米，每亩种植约180株，定植规格可依不同品种进行适当调整。定植前1天将苗木的营养杯泥土淋透，尽量保证不让泥土松散。苗木不能种植过深，以畦面与杯面平行为宜，以免基部腐烂。定植时按45° 角顺风方向斜种，并在后期管理过程中进行拉斜。移栽后15～20天顺斜栽方向拉苗1次，以后每隔10～15天拉1次，共拉苗3～4次。斜拉要选择晴天进行，斜拉前幼苗要淋足水，使苗、穴周围的土壤充分湿透软化，这样容易拉斜植株而不易折断，减轻土壤摩擦伤及植株茎干表皮，减少病害的侵染。种植后淋透定根水，做到不伤根、不露根、不积水。定植后若遇低温阴雨天气，可用简易竹架地膜覆盖，防止寒害和蜗牛为害。

第三节　土肥水管理技术

一、土壤管理

定植后2～3个月内进行中耕除草，及时清除田园杂草，以防病虫害滋生，特别是蚜虫，要定期喷杀蚜虫，防治花叶病的传播，并减少肥料消耗。由于番木瓜对除草剂非常敏感，苗期不能使用除草剂除草，种植后要人工除草，也可用黑色地膜覆盖防草。植株较大时若要使用除草剂必须采取保护措施。每隔一段时间应适当培土，以防露根，培土避免在下雨天进行，土层不宜太厚，一般3厘米左右。

二、施肥管理

番木瓜植株高大，产量高，需肥量大，因此要注意肥料的勤施巧施。整地时施足基肥，每株施腐熟有机肥5千克或腐熟花生麸0.5～1千克，以及过磷酸钙 0.5 千克、硼砂 5 ~ 10 克，与土壤混合后施入种植穴。基肥对根系生长、树干的充实十分重要。基肥充足的植株，早现蕾，早开花，早结果，结果部位低，坐果率高，果实品质优良。

种植 10 ~ 15 天后开始淋 0.15% ~ 0.20% 的尿素水，以后每隔 7 ~ 10 天淋 1 次，等到叶色变得浓绿时，开始施固体肥，以速效肥料为主，主要用尿素，适当加点钾肥，每隔 10 ~ 15 天施肥 1 次，由薄施到多施，由稀至浓，逐渐加大肥量，现蕾前后要及时施重肥，仍以氮肥为主，适当增施磷、钾肥，可施尿素 50 克、复合肥 25 克、钾肥 25 克。

在现蕾后每株加施 3 ~ 5 克硼砂，每隔 30 天施 1 次，连续施 3 ~ 5 次，以防肿瘤病发生。进入盛花坐果期，要施重肥，以满足基部果实发育和顶部开花坐果的需要，要求氮、磷、钾水平较高，以复合肥和钾肥为主，每隔 2 个月施 1 次，每次每株施复合肥 75 克、氯化钾 75 克。在成熟前的 2 个月开始增施有机肥，如沤熟的花生麸，可在有机肥中加些磷肥，以提高果实品质。

施肥位置应在树冠外缘，即滴水线以外，有薄膜覆盖畦面的采用打洞施肥，施肥后在洞穴处淋水；无薄膜覆盖畦面的采用条沟施肥。叶面喷肥在阴天或傍晚进行，效果较好。

三、水分管理

番木瓜根系好气性强，既需水又怕通气不良造成烂根。土壤含水量以最大持水量的 70% 左右为宜，有条件的果园可装置喷淋系统满足水分需求。对于地下水位较高的田块，可采用高畦深沟方法来降低地下水位，保证表土下 100 厘米以内的根系不被水浸。刚定植的 1 周内需每天浇水，1 周后浇水的频率可逐渐减少，到长成成株时便可根据园地的干湿度决定是否浇水。浇水原则是“见干便浇”。番木瓜缺水初期表现不明显，当叶片开始卷曲无光泽时说明缺水已经很严重，需要立时灌水了，若这时还不浇水，叶片就会渐渐变黄脱落，严重影响番木瓜生长，想要让其恢复需要相当长的时间。

四、树体管理

（一）抹芽

部分品种幼龄树叶腋间会萌生大量腋芽，会消耗水分和养分，延迟开花结果，妨碍通气透光，所以应在晴天及早摘除。

（二）疏花疏果

根据树势情况，每 1 叶腋处通常只留 1 个果，最多 2 个果，一般雌性株坐果率高，仅留 1 个果。长圆形两性株若间断结果明显，则可部分留 2 个果。计划只收当年果实的，留果至 8 月底即可，以后的花果全部疏去。结果期间如遇天气影响出现授粉不良或畸形果、过分拥挤和发生病虫害的果实，也应及时摘除。根据品种特性和气候条件情况单株留 15 ~ 25 个果，以利养分集中供应，提高单果的质量和品质。

（三）立防风桩

在台风季节应重视防风，以尼龙绳或竹、木支撑加固，避免台风带来的损失。

第四节　主要病虫害防控技术

一、环斑花叶病

（一）为害症状

植株发病初期，在茎、叶脉及嫩叶的支脉间出现水渍状斑点，随后在嫩叶上出现黄绿相间或深绿浅绿相间的花叶病症状，感病果实表面也出现水渍状圆斑或同心轮纹圆斑，2 ~ 3 个圆斑可相连成不规则形。后期叶缘干枯，病株老叶脱落，只剩顶部黄色幼叶，幼叶变脆且透明，出现畸形、皱缩，叶肉退化，只剩叶脉，呈线状，如鸡爪。为害严重时，病株结果小，甚至不结果，即使结果，果实风味也差。

（二）发生规律

该病由桃蚜、棉蚜、豆蚜、夹竹桃蚜、玉米蚜等传播，蚜虫从吸毒液至完成传播的时间通常只有 2 ~ 5 分钟，传病力达 100%。还可经由汁液摩擦、人手或机械传播，但种子并不传播。西瓜、香瓜和南瓜等瓜类作物为中间寄主。病毒潜伏期 7 ~ 28 天。在广州地区，每年有 2 个发病高峰期：4 ~ 5 月和 10 ~ 11 月上旬，月平均温度为 20℃ ~ 25℃时植株发病最多，症状最明显。7 ~ 8 月，月平均温度为 27℃ ~ 28℃，病株回绿，症状消失或减缓，高温对该病毒有抑制作用。

（三）防治方法

采取以栽培为主的综合防治措施：春种大苗，当年收获完成；加强栽培管理，培养壮旺树体，增强抗病能力；通过轮作切断寄主，清除病源作物，消灭传染源；及时清除病株，防止叶片摩擦交叉感染。定期喷杀蚜虫，防止虫媒传播病毒；多施有机肥、叶面喷施壳寡糖等提高植株抗病力；种植抗病品种。有条件的果园，可采用网室大棚育苗和种植，但成本高。

二、炭疽病

（一）为害症状

主要为害果实，其次为害叶片和叶柄、茎。被害果面出现黄色或暗褐色的水渍状小斑点，随着病斑逐渐扩大，病斑中间凹陷，出现同心轮纹，上生朱红黏粒，后变小黑点，病斑可整块剥离。为害叶片时，病斑多发生于叶尖和叶缘，色褐，呈不规则形，斑上有小黑点。为害叶柄时，多发生于即将脱落或已脱落的叶柄上，病健交界不明显，上面密生黑色小点或朱红色黏粒点。

（二）发生规律

病原在病残体中越冬，分生孢子由风雨及昆虫传播，由气孔、伤口或直接由表皮侵入。

（三）防治方法

（1）冬季清园。彻底清除病残体，集中烧毁或深埋，结合喷波尔多液或多硫悬浮剂 1 ~ 2 次。

（2）药剂防治：发病季节每隔 10 ~ 15 天喷 1 次，连喷 3 ~ 4 次。药剂可用 70% 甲基托布津可湿性粉剂 800 ~ 1000 倍液，或 50% 多菌灵可湿性粉剂 800 倍液，并及时清除病果。

（3）部分番木瓜品种由于果皮较薄，在接近成熟及成熟时易感染炭疽病，造成烂果。因此，一定要及时采果，避免过熟采果。选晴天采果，采果时尽量轻拿轻放，避免弄伤果面，造成病害的侵入。采果前两周喷 70% 甲基托布津可湿性粉剂 1000 倍液，可起到防腐保鲜的作用。

三、白粉病

（一）为害症状

在感病部位出现分散的白色霉状小斑块，小斑块扩大和联合形成一层白色霉粉层。霉层下的病组织变褐色。主要为害嫩叶，严重时可为害嫩茎、叶柄，发病后叶柄和叶片脆弱易折断。

（二）发生规律

在低温潮湿的环境下容易发生。白粉病以菌丝在较老叶片及叶柄上越冬。当环境条件适宜时，菌丝体产生分生孢子。分生孢子借气流传播到新抽发的嫩叶上萌发芽管，然后发展为菌丝，生长在寄主表皮上，菌丝再产生分生孢子进行重复侵染。通常在 8 月以后病害容易发生。

（三）防治方法

（1）避免过度密植，注意通风透光。

（2）避免偏施氮肥，及时摘除病叶。

（3）发病期间，定期喷洒胶体硫 250 倍液或 0.2 ~ 0.3 波美度石硫合剂、15% 粉锈宁可湿性粉剂，或 40% 福星乳油等药剂进行防治，每周喷药 1 次，连喷 2 ~ 3 次。

四、根腐病

（一）为害症状

为真菌性病害，主要为害根部和根颈部。发病初期，在茎基出现水渍状，后变褐腐烂，叶片枯黄、枯死，根系变褐坏死。

（二）发生规律

病原为镰刀菌属，病菌在土壤中越冬，由流水传播。苗期或定植时伤根的树容易感染，水位较高，土壤较湿、容易积水的果园常常发生。

（三）防治方法

（1）保持果园通风透光，土壤疏松，排水良好，避免积水。

（2）种植时尽量减少伤根，避免种植过深。

（3）避免连作，也不要与蔬菜地（特别是前茬是葫芦科作物）连作。

（4）及时清除病株，病穴用石灰或药物消毒并翻晒，不要在原来的位置补植。

（5）发病初期喷药保护，可用甲霜灵锰锌或金雷多米尔 100 ~ 150 倍液涂布发病部位，或 70% 敌克松 800 倍液灌根防治，隔 7 ~ 10 天 1 次，连灌 2 ~ 3 次。

五、红蜘蛛

（一）为害症状

以成螨和若螨活动于叶片背面，吸收汁液。被害叶片缺绿变黄点，严重为害时黄点连成一片或斑块，似花叶病症状，可导致叶片脱落。

（二）发生规律

周年都有红蜘蛛为害发生，每年可发生 20 多代，世代重叠，发育和繁殖的适宜温度为 20℃ ~ 28℃，以 4 ~ 5 月和 8 ~ 11 月为发生高峰期，高温低湿条件下发病严重，管理粗放、植株叶片越老、含氮量越高，则红蜘蛛繁殖越快，为害严重。

（三）防治方法

（1）冬季清园，彻底清除被害植株、叶片，集中烧毁，减少越冬虫源。

（2）利用天敌治螨。可间种绿肥或野生藿香蓟，为多种捕食螨、食螨瓢虫、草蛉等创造良好的繁殖环境条件，以虫治螨。

（3）发生高峰期可用联苯肼酯43%悬浮剂2000～3000倍液防治。

六、蚜虫

（一）为害症状

蚜虫是番木瓜环斑花叶病传播的主要昆虫媒介之一，主要有桃蚜和棉蚜等。若虫、成虫群集于新叶吸取汁液，被害嫩叶皱缩。当蚜虫吸取病株汁液后，会传播病毒到健康植株，引起番木瓜环斑花叶病的发生。

（二）发生规律

蚜虫每年发生10～30代，干旱天气有利于蚜虫发生，雨水对蚜虫有冲刷、机械击落的作用。有翅蚜对黄色有强烈趋性，对银灰色膜有负趋性。

（三）防治方法

（1）果园远离桃园和葫芦科菜园等其他寄主植物，清除田间杂草。

（2）畦面覆盖银灰色膜驱蚜。

（3）药物防治：可用阿维菌素、万灵、蓟虱灵、吡虫啉等药剂防治，3周喷药1次。

第五节　栽培管理年历表

表4-1　番木瓜栽培管理年历表

月份	物候期	主要技术工作
1月	幼苗期	（1）幼苗管理：寒潮期间盖膜或封棚保温，气温高于15℃时通风炼苗，培育矮壮苗。 （2）选地建园：番木瓜是肉质根系，忌水浸和积水，最适宜在疏松透气良好、土层深厚的砂壤土中生长。选地时必须考虑地势与排水，低地建园要筑堤设泵抽排积水，同时建设好适当的灌溉系统。

续表 1

月份	物候期	主要技术工作
1月	幼苗期	（3）整地、种植密度与基肥：起高畦挖深沟，根据地势高低采用细畦单行或大畦双行种植，畦面整成龟背状，植穴起土墩防积水，株行距为（2～2.2 米）×（2.4～2.5 米），种植密度 120～140 株 / 亩。整地时结合植穴施优质腐熟有机肥 2～3 千克 / 株、过磷酸钙 0.5 千克 / 株、硼砂 3～5 千克 / 亩，地面撒施石灰粉 50～75 千克 / 亩。
2月	幼苗期	（1）定植：2 月中下旬，等待回暖天气定植。种子苗按 45° 角顺风方向斜种，组培苗正种，覆盖细土以略高出原杯泥面为宜，种植后淋足定根水。 （2）培土：浇定根水后，要及时培土，将裸露的根系覆盖。
3月	营养生长期	（1）施水肥：定植后 5～7 天，淋施 0.25%～0.3% 高氮复合肥水 2.5 千克 / 株，每隔 7～10 天施 1 次，浓度不变，逐次加大分量。安装了喷灌系统的果园可充分利用设施施水肥以提高肥效。 （2）植株管理：种子苗种植后 15～20 天顺斜种方向拉苗，促使茎基部增粗和矮化，提高抗风能力和方便果实管理。
4月	营养生长期	（1）除草：番木瓜对除草剂非常敏感，苗期不能使用除草剂除草，种植后要人工除草。苗期可用黑色地膜覆盖防草，植株较大时若要使用除草剂必须采取保护措施。 （2）施肥：现蕾期开始每隔 15～20 天施复合肥 100 克 / 株。
5～8月	生殖生长期：开花结果期、盛果期	（1）土壤水分管理：番木瓜根系好气性强，既需水又怕积水造成烂根。雨季要及时抽排积水，日常要保持土壤湿润，可安装喷灌系统以满足水分需求。 （2）植株管理：疏枝疏果，及时摘除侧芽，每个花穗留 1～2 个正形果；割除黄老叶，割叶时要在茎上留一小段叶柄，割叶工具要消毒，防止环斑花叶病毒的交叉感染。 （3）施肥：始花期至盛果期每月施 1 次硼砂 5 克 / 株；挂果期每月施肥 1 次复合肥 150 克 / 株、硫酸钾 30～50 克 / 株、硫酸镁 25 克 / 株；盛果期施腐熟花生麸 0.5 千克 / 株。

续表 2

月份	物候期	主要技术工作
9～10月	盛果期、收获期、播种育苗期	（1）采收、包装及贮运：采收成熟度要根据销售距离和时间来确定，一般在果皮出现黄色条斑时即可采收。供应本地市场的果实有 3～5 条黄色条斑时采收，需要较长时间贮运的果实，果面转色或有 1～2 条黄色条斑时采收，冬季果实有 5 条黄色条斑时采收。采收时要轻拿轻放，避免机械伤，防腐保鲜处理晾干后，单果包纸或泡沫网再装箱。 （2）播种育苗：10 月中下旬，选用优质组培苗或杂交一代种子培育营养杯苗。计划秋冬季种植的提前至 6～8 月育苗。
11～12月	收获期、幼苗期	（1）防寒：秋冬季种植的小苗可套薄膜袋防低温霜冻，较大植株用 1 束稻草覆盖顶芽，防止顶芽受冻，及时采收成熟果实，未成熟果实包套薄膜防低温霜冻。 （2）幼苗管理：保持营养杯湿润，每月淋施 3 次 0.2%～0.3% 复合肥水。

产业扶贫典型案例一
易地搬迁、安置车间，助力产业扶贫

麻阳县兰里镇位于国家级贫困县麻阳苗族自治县东北部，是麻阳苗族自治县人口最多的建制镇。部分地区由于受历史和客观因素的影响，生存环境恶劣，生产生活条件差，饮水、交通、就医、上学困难，并且还存在严重地质灾害隐患。为了从根本上解决兰里镇人民群众的生存发展和脱贫致富问题，全镇 216 户 756 人搬迁安置到了新的安置社区内。虽然居住条件、生活环境和交通、就医、上学等问题得到了有效解决，但易地搬迁户的就业和脱贫致富问题仍未得到有效解决。

麻阳怀橘一号种植专业合作社自 2015 年春季开始在兰里镇推广种植“怀橘一号”高端柑橘，经过几年不懈努力，现已发展社员 697 户，其中易地搬迁户 97 户；合作社基地有固定工作人员 35 人，其中易地搬迁户 29 人，人均工资达 2500 元 / 月。合作社实施管理标准化、农资标准化和统一化，农资物料统一采购，大幅度降低生产成本，现已携手农户进行果品绿色认证工作，全面保证果品质量，提升市场认可度。按照“合作社 + 基地 + 农户”模式，与农户签订 10 年的果品收购协议，65 毫米达标果品收购价为：2.5 ~ 3 元 / 千克。实现订单生产、订单销售，完全解决农户果品销售的后顾之忧。合作社与兰里镇各村农户签约 697 户，面积 3000 余亩，与其他乡镇、村（社区）农户也有积极互动、交流，预计 2020 年种植面积将超过 5000 余亩。将大大提高贫困农户种植“怀橘一号”的积极性，能增加农户收入，带动贫困户脱贫致富。

湖南政鑫农业开发有限公司在兰里镇易地搬迁安置小区一楼厂区成功建立了大型农产品销售分拨中心。现拥有冰糖橙自动洗果、分级设备 1 台，自动包装设备 6 台，9.6 米专用货柜车 2 台，4.2 米货车 2 台，周转筐 3 万余个，固定资产投资达 200 万元。果品销售服务范围已覆盖兰里镇、吕家坪镇、江口墟镇、石羊哨乡、和平溪乡、黄双乡、高村镇 7 个乡镇。截止到 2019 年 4 月 15 日，公司已成功销售麻阳冰糖橙 1100 万千克（其中：线上销售 700 万千克、200 余万件，线下销售 400 万千克），实现营业收入达 3000 万元，毛利达 400 万元。分拨中心工作人员 217 人，其中兰里镇易地扶贫搬迁安置户人员 147 人，其他贫困人员 29 人，易地搬迁安置人员发放工资合计 1473935 元。目前，拟筹建千吨级的果品周转、仓储、物流综合配送中心，建成后可长期稳定吸纳 200 名以上易地搬迁安置点贫困人口就业，从事分拣、包装、配送、搬运等工作，实现门口就业、脱贫致富。

产业扶贫典型案例二
"福林香柚"产业和乡村旅游

邵阳县蔡桥乡福林村位于邵阳县西部，距县城 32 千米。村域面积 5.2 平方千米，其中耕地面积 1298 亩，林地面积 3200 亩；总人口 1928 人，426 户。该村曾经是有名的穷村，有近百年的"采煤史"，村域内大大小小的煤井、矿洞多达 500 余个。特别是 20 世纪 80 年代以来，该村是邵阳县重点产煤区，煤炭经济是村里主要支柱产业。长期的无序开采，使得福林村生态环境遭受严重破坏，村民健康受到严重威胁。

近年来，福林村在党总支、村委会带领下，坚持"绿色发展，产业兴村，旅游强村"理念，根据福林村土质、气候、阳光适宜柚类种植的特点，以及当地群众历来有种柚的习惯，在湖南省农业科学院专家团队的指导下，由福林村党总支书记吕会龙牵头成立香柚种植合作社，人工栽培与筛选出品质好、产量高的地方特色柚类品种。经专家鉴定，认为该柚属甜柚类型，果实形态小巧、果汁多、口感纯正、老少皆宜，适合做礼品包装，具有较高经济价值。专家团队多次赴福林村进行现场技术指导，解决了"福林香柚"扦插成活率和根部嫁接成活率不高的技术难题，帮助福林村繁育果苗 1 万余株，培训基地技术员和生产人员 100 人次以上，培训本村及周边农户 800 人次以上，有效助推当地香柚产业发展。"福林香柚"基地作为湖南省农业科学院科研联点基地，依托院人才、技术、平台、项目等资源优势，于 2016

年被湖南省农业委员会、湖南省财政厅授予“湖南省现代农业特色(水果)产业园省级示范园”。

目前，福林村已建成优质高产示范基地2个，建成标准化种苗繁育基地1个(50亩)，发展“福林香柚”种植面积2000亩，帮助贫困户500人脱贫致富，年创产值达2100万元，农民年人均纯收入增加3000元以上，有效推动了当地贫困户脱贫致富和乡村产业振兴。2015年率先摘掉贫困村的“帽子”，成为邵阳市最美乡风文明村和生态环境保护示范村、全省新农村建设示范村。2017年，通过与韶山市长盛种养专业合作社合作，在韶山市杨林乡石屏村示范推广“福林香柚”种植500亩，进一步推动了“福林香柚”产业化发展。2018年被评为改革开放四十年“湖南大美乡村”、乡村振兴科技引领示范村。以产业助推旅游，打造“福林香柚”绿色水果观光采摘体验基地，带动当地特色传统美食加工制作，建设福林生态休闲旅游农业体验园，发展休闲农业旅游，年接待游客5万人次，年产值达600万元。

后记
Postscript

湖南省是水果生产大省，全省现有水果种植面积 800 多万亩、产量 600 多万吨。常绿果树是湖南水果的重要组成部分，主要包括柑橘、杨梅、枇杷、蓝莓和木瓜等种类，种植面积达 600 万亩、产量 500 余万吨，分别约占全省水果总面积和总产量的 75%、85%。

为满足生产需要，普及推广实用栽培技术，提升广大果农的生产经营与管理能力，我们组织编写了《常绿果树栽培技术》。本书从产业概述、品种特性及对环境条件的要求、建园、土肥水管理、主要病虫害防控等方面对柑橘、杨梅、枇杷、番木瓜等常绿果树的相关实用技术进行了汇编，归纳形成了栽培管理年历表，提供了准确的“农时、农事”信息，实用性强，可作为技术培训资料或供从业人员在生产中参考使用。

本书在编写过程中参阅和引用了国内外许多学者、专家的研究成果与文献，在此一并表示感谢！

由于编者水平有限，书中如有不妥之处，敬请读者批评指正。

编　者